当代心理学发展与教育研究

王姝锐　刘　洁　谷洋帆　著

哈尔滨出版社
HARBIN PUBLISHING HOUSE

图书在版编目（CIP）数据

当代心理学发展与教育研究 / 王姝锐, 刘洁, 谷洋帆著. -- 哈尔滨 : 哈尔滨出版社, 2023.10
ISBN 978-7-5484-7630-6

Ⅰ. ①当… Ⅱ. ①王… ②刘… ③谷… Ⅲ. ①心理学-教育-研究 Ⅳ. ①B84-4

中国国家版本馆CIP数据核字(2023)第207821号

书　　名：当代心理学发展与教育研究
DANGDAI XINLIXUE FAZHAN YU JIAOYU YANJIU

作　　者：王姝锐　刘　洁　谷洋帆　著
责任编辑：韩金华
封面设计：蓝博设计

出版发行：哈尔滨出版社（Harbin Publishing House）
社　　址：哈尔滨市香坊区泰山路82-9号　　邮编：150090
经　　销：全国新华书店
印　　刷：武汉鑫佳捷印务有限公司
网　　址：www.hrbcbs.com
E-mail：hrbcbs@yeah.net
编辑版权热线：（0451）87900271　87900272
销售热线：（0451）87900201　87900203

开　　本：787mm × 1092mm　1/16　印张：10.5　字数：230千字
版　　次：2023年10月第1版
印　　次：2023年10月第1次印刷
书　　号：ISBN 978-7-5484-7630-6
定　　价：68.00元

前　言
PREFACE

教育与心理学，这两个看似独立却又紧密相连的领域，一直以来都在互相交织、相互渗透之中发展着。教育是社会进步和人才培养的基石，心理学则从人类内心深处探寻思维、情感、行为的奥秘。在当代社会，这两者的交会已经不再是单纯的交错，而是一种深刻的交融，其为教育研究与实践带来了前所未有的机遇与挑战。

本书旨在深入探讨当代心理学在教育研究中的应用与发展，揭示两者之间的紧密联系及相互促进的关系。作为交叉学科，教育心理学不仅丰富了心理学的实践领域，同时也为教育实践提供了有力的科学支持。本书将分章节系统地介绍心理学与教育的关系，以期为读者提供一个深入了解的视角。

在本书的结构，首先通过导论部分明确了研究的背景、动机及研究目的和问题，为整本书的主线逻辑做了铺垫。随后，通过对当代心理学的理论框架和发展趋势的探讨，本书为读者构建了一个理论基础，同时也为后续章节的具体应用铺平了道路。

在正文部分，我们将从不同的角度展开讨论。首先，我们将探究心理学在教育研究中的应用，涵盖学习与教学、教育评估与干预等方面。在这一部分，我们将深入探讨心理学对于教育过程中认知、情感等层面的影响，以及如何通过心理学的方法来优化教育实践。随后，我们将深入研究认知发展、社会情感发展、个体差异及跨文化心理学等主题，探讨这些心理学领域在教育中的价值。通过对认知发展理论和模型的探讨，我们将揭示学习过程的内在机制，为教育提供更科学的引导。同时，我们也将关注社会情感发展和个体差异等因素，以更加全面的视角来思考如何在教育中培养综合素质。最后，在心理学与教育政策的关系部分，我们将深入研究两者之间的互动，探讨心理学如何为教育政策制定和实施提供科学依据。通过这一部分，我们将呈现心理学在教育改革中的战略性价值，以及其如何在政策层面发挥作用。

本书的完成离不开许多人的辛勤付出。在此，我要感谢所有为本书提供信息、建议和支持的人们。同时，我也要感谢那些在教育和心理学领域作出贡献的学者，正是他们的工作为本书提供了坚实的理论基础。

总之，本书的目标是深化人们对于当代心理学与教育关系的理解，为教育实践提供更为科学和精准的指导。希望通过这本书的阅读，读者能够更加全面地认识教育与心理学之间的关系，从而为未来的教育事业贡献一份微薄的力量。

目　录
CONTENTS

第一章　导论

第一节　研究背景和动机

一、当代社会变革对教育的影响

在当代社会，科技快速进步、全球联系加强、多元化的文化背景等因素深刻地改变了教育的面貌。这种社会变革在多个层面产生了深远的影响，从而引发了人们对教育体系的重新思考。

（一）科技进步的影响

随着信息技术的飞速发展，教育领域迎来了前所未有的机遇和挑战。数字化教育、在线学习平台、人工智能辅助教学等新兴技术正逐渐融入教育实践。这一切变革不仅影响着教学方式，也催生了全新的学习模式。教育者需要重新思考如何更好地整合技术与教学，以满足学生在信息时代的学习需求。

（二）全球化的联系与多元文化的挑战

全球化使得不同国家和地区之间的联系更加紧密，这也对教育提出了新的要求。学生需要具备更广泛的国际视野、跨文化交流的能力和适应不同环境的素养。教育系统需要适应全球化背景下的多元文化环境，培养具有国际竞争力的人才。

（三）经济结构与职业需求的转变

社会的经济结构和职业需求也在不断演变，这对教育的定位和目标提出了新的挑战。未来职场对创新、合作、解决复杂问题的能力会有更高的要求，这就需要教育系统在课程设置和教学方法上进行相应调整，以培养更适应未来社会需求的人才。

二、心理学在教育领域的重要作用

心理学作为研究人类心智和行为的科学，对于教育领域的重要作用不言而喻。它深入探讨了认知、情感、社会互动等诸多层面，为教育研究和实践提供了理论基础和科学指导。

（一）认知及对学习过程的理解

心理学的认知研究揭示了学习和知识获取的内在机制，为教育者提供了洞察学生学习困难和优势的方法。通过理解记忆、注意力、思维等过程，教育工作者可以更有效地设计教学内容和方法，提高教学效果。

（二）情感和对心理健康的关注

情感对学习和发展有着深刻的影响，而心理健康问题在当今社会日益突出。心理学在情感发展和心理健康方面的研究为教育者提供了创造积极的学习环境、关注学生情感需求的方法。

（三）教育评估与干预策略

心理学在教育评估中扮演着重要角色，通过测量学生的认知和情感发展，教育者可以更客观地了解学生的进展。同时，心理学的干预策略可以帮助学生克服学习障碍、情绪问题等，促进其全面发展。

三、研究当代心理学与教育的关系的目的

在当前社会背景下，研究当代心理学与教育的关系具有重要意义。首先，深刻理解心理学在教育中的应用，可以优化教学方法、改善学习环境，提高教育质量。其次，研究将揭示教育与心理学之间的新的联系，有助于教育领域的创新和发展。最重要的是，通过探讨这一关系，我们可以更好地培养具备综合素质和跨领域能力的新一代人才，以应对日益复杂多变的社会挑战。

因此，本研究旨在深入剖析当代心理学在教育研究和实践中的价值与应用，探讨两者之间的相互关系，从而为未来的教育改革和发展提供理论支持和实践指导。在接下来的章节中，我们将逐一探讨当代心理学在教育中的各个方面的应用，以期为读者呈现一个全面、深入的视角。

第二节　研究目的和问题陈述

一、确定研究的主要目标

研究的初衷是深入探究当代心理学在教育研究和实践中的主要目标和价值，以及如何将心理学的理论和方法应用于教育领域。本章的主要目标是为读者呈现一个清晰的研究框架，以帮助我们更好地理解教育与心理学之间的紧密联系。

（一）心理学在教育中的应用与价值

我们将探讨当代心理学在教育中的应用领域，从认知发展到情感培养，从个体差异到跨文化适应，逐一阐释心理学在教育领域的价值和意义。通过揭示这些应用，我们旨在凸显心理学在优化教育过程和提升学生综合素质方面的重要作用。

（二）心理学的研究方法对教育的启示

我们将探讨心理学研究方法如实验、调查、案例研究等对于教育研究的启示。研究方法不仅为心理学的发展提供了支持，也为教育研究提供了科学的理论基础。通过研究方法的探讨，我们旨在揭示不同方法对于解决教育问题的潜力。

二、需要解决的核心问题

在研究过程中，我们将着重解决一系列核心问题，以便更准确地理解当代心理学与教育的关系，并为教育实践提供有益的建议。

（一）心理学如何影响学习过程和学习成果

我们将探讨心理学如何揭示学习过程中的认知、情感和社会因素，以及这些因素如何影响学习的效果。通过这一问题的解答，我们旨在为教育者提供优化教学策略的建议，使学生能够更有效地学习和发展。

（二）如何有效培养学生的情感智力和社会互动能力

我们将探讨情感发展和社会互动在教育中的重要性，以及心理学如何提供培养情感智力和社会技能的方法。通过解答这一问题，我们旨在帮助教育者更好地关注学生的情感需求，促进积极的人际关系发展。

（三）如何利用个体差异优化教学策略

我们将探讨不同个体差异对学习和发展的影响，以及心理学如何为教育者提供差异化教学的方法。通过解答这一问题，我们旨在帮助教育者更好地满足学生的个性化需求，促进其全面发展。

三、探讨当代心理学如何为教育提供指导

（一）认知心理学对教学的指导作用

我们将探讨认知心理学的基本理论，如信息加工、记忆、解决问题等，以及如何将这些理论应用于教学中。通过揭示认知心理学的指导作用，我们旨在为教育者提供更科学、有效的教学方法。

（二）情感智力与社会情感培养的实践

我们将探讨情感智力的概念和重要性，以及如何在教育实践中培养学生的情感智力和

社会情感能力。通过探讨这一问题，我们旨在帮助教育者创造积极的学习氛围，促进学生的情感成长。

（三）个体差异的认知和教学策略

我们将探讨个体差异在教育中的重要性，以及如何根据不同的差异制定个性化的教学策略。通过探讨这一问题，我们旨在帮助教育者更好地满足学生的学习需求，促进其发展。

通过解答上述核心问题，我们将揭示当代心理学在教育研究和实践中的价值，并为教育者提供更科学、有效的指导。在接下来的章节中，我们将深入探讨当代心理学在不同领域的应用，以期为读者提供更全面、深入的理论视角。

第三节　研究方法和数据来源

一、研究方法的选择：定性、定量或混合方法

在研究设计阶段，选择适当的研究方法对于获得准确、可靠的研究结果至关重要。研究者需要在定性、定量和混合方法之间进行权衡，以确保研究的科学性和可信度。

（一）定性方法的应用

定性方法主要关注现象背后的意义和理解，适用于深入挖掘复杂的教育现象。例如，研究者可以选择开展深入访谈，以了解教育者如何应用心理学理论和方法于教学实践中。此外，定性方法还可以帮助研究者发现新的教育问题，并从学生、教师等多个参与者角度了解他们的体验和看法。

1. 深入挖掘教育现象的意义

定性方法强调对现象背后内容的深刻理解和意义的揭示。在教育研究中，研究者可能对教育者的教学实践、学生的学习体验等现象感兴趣。通过开展深入访谈，研究者可以与教育者和学生进行面对面的交流，了解他们对教育现象的理解和看法。这有助于揭示教育实践的内在动机和影响因素，为教育改进提供有力的支持。

2. 多角度的参与者理解

定性方法允许研究者从多个角度理解教育现象。在教育研究中，学生、教育者、家长等都是重要的参与者，他们的观点和经验可以帮助研究者全面了解教育现象。通过定性方法，研究者可以获取多元的数据，从而丰富研究的深度和广度。

3. 新问题的发现和假设生成

定性方法还可以帮助研究者发现新的问题并生成新的假设。在深入访谈和分析数据的

过程中，研究者可能会发现一些意外的情况和现象，从而启发新的研究方向。定性方法的灵活性和开放性使得研究者能够更容易地从参与者的经验中提取新的见解和问题。

通过运用定性方法，教育研究者可以逐步揭示教育领域中的复杂现象和内在机制，为教育改进和政策制定提供有力的实证支持。

（二）定量方法的运用

定量方法注重数据的量化和分析，适用于大规模样本和多变量关系的研究。例如，研究者可以通过问卷调查收集大量学生的学习情况和心理特征数据，然后利用统计分析方法揭示不同变量之间的关系。这种方法有助于量化教育现象，为教育决策提供科学支持。

1. 量化教育现象

定量方法通过数值化教育现象，使得研究者能够对教育问题进行客观测量。例如，研究者可以设计问卷，收集学生的学习态度、自我效能等数据。这些数据可以通过统计分析方法得出定量结论，从而帮助研究者了解教育现象的普遍性和趋势。

2. 多变量关系的分析

定量方法应用产生适用于分析多个变量之间的关系，帮助研究者揭示教育现象的复杂性。例如，研究者可以通过回归分析等方法，探究不同教育因素对学生学业成绩的影响。定量方法的数学模型可以帮助研究者理清变量之间的相互作用和影响机制。

3. 为教育决策提供科学支持

定量方法应用产生的结果可以为教育决策提供科学支持。通过定量分析，研究者可以得出客观的结论，帮助教育决策者制定更合理的政策和计划。例如，基于大规模问卷调查数据，研究者可以评估某项教育政策的实施效果，为政策调整提供建议。

通过选择合适的定量方法，教育研究者可以实现对教育现象的量化分析，揭示变量之间的关系，为教育决策提供科学支持。

（三）混合方法的整合

混合方法结合了定性和定量方法的优势，能够在研究中提供更全面的视角。例如，研究者可以先使用定性方法深入了解某一教育现象，然后通过定量方法验证定性研究中的发现。混合方法的应用可以增强研究结果的可信度和有效性，同时也能够更全面地回答研究问题。

1. 增强定性研究结果的验证性与可信度

混合方法可以用于验证定性研究的发现。研究者可以用定量方法对定性研究中的主题和模式进行量化分析，从而增强定性研究结果的验证性和可信度。例如，研究者可以先通过定性访谈收集教育者的观点，然后使用定量问卷调查来验证这些观点在整个教育群体中的普遍性。

2. 拓展定量研究的深度与解释性

混合方法可以用于拓展定量研究的深度和解释性。研究者可以在定量研究的基础上，使用定性方法深入了解研究结果背后的原因和机制。例如，研究者可以通过定量调查发现教育现象之间的关系，然后通过定性访谈进一步探究这些关系的原因和影响。

3. 数据的三角检验与全面理解

混合方法还可以用于数据的三角检验，以获得更全面的理解。研究者可以通过不同方法、不同数据源的整合，从多个角度解读教育现象。例如，研究者可以通过定性访谈、定量问卷和对教育记录的分析，对学生学习成就的影响因素进行全面检验。

4. 挖掘新问题和提出新假设

混合方法还可以用于挖掘新问题和生成新假设。通过整合定性和定量方法的发现，研究者可以发现之前未曾考虑的问题，并生成新的研究假设。这种方法有助于拓展研究的广度和深度，为教育领域带来新的理论和实践启示。

通过混合方法的整合，教育研究者可以融合定性和定量的优势，获得更深入、全面的研究视角。在当代心理学与教育关系的研究中，混合方法的应用可以为教育研究提供更为丰富的理论支持和实践指导。

二、数据收集工具：问卷、访谈、观察等

数据收集工具的选择直接影响着研究数据的质量和可信度。在研究中，研究者需要根据研究问题的性质和研究方法的选择，合理选择适当的数据收集工具。

（一）问卷调查

问卷调查是一种常见的数据收集方法，适用于收集大量样本的意见、看法和行为数据。例如，研究者可以设计一份针对教师的问卷，了解他们在教学中如何应用心理学理论和方法。问卷调查可以帮助研究者快速获取大量数据，并进行量化分析。

1. 设计有效的问卷

设计有效的问卷是问卷调查的关键。研究者需要仔细考虑问题的内容、顺序和表达方式，确保问题清晰、明确，不会引导参与者的回答。在教育研究中，研究者可以设计涵盖教学策略、学习态度、教育需求等方面的问题，以全面了解教育现象。

2. 样本的选择和代表性

问卷调查的样本选择至关重要。研究者需要确定研究的目标人群，以及如何获取具有代表性的样本。在教育研究中，研究者可能选择教师、学生、家长等作为调查对象，确保样本能够反映整个教育群体的特点。

3. 数据的分析和解释

问卷调查收集到的数据需要进行分析和解释。研究者可以使用统计软件进行数据处理，计算出各个问题的频率、平均值等统计量。此外，研究者还可以进行交叉分析，探究不同变量之间的关系。通过数据分析，研究者可以得出关于教育现象的定量结论。

（二）访谈

访谈是一种深入挖掘参与者经验和观点的方法，适用于探索复杂的教育现象。研究者可以选择半结构化访谈，与教育者、学生等进行面对面的交流，深入了解他们的教育实践和心理体验。通过访谈，研究者可以获取丰富的定性数据，深入理解教育现象的本质。

1. 访谈类型的选择

在访谈研究中，研究者可以选择半结构化访谈、深度访谈等不同类型。半结构化访谈通常以一些预设的问题为基础，但也允许参与者自由发挥，以保持对话的自然性。深度访谈则更加开放，让参与者详细描述其经验和观点。

2. 建立良好的访谈关系

在访谈过程中，研究者需要建立良好的访谈关系。这包括建立信任、尊重参与者的意见，以及倾听他们的讲述。通过与参与者建立紧密联系，研究者可以更好地获取深层次的信息。

3. 数据的整理和分析

访谈收集到的数据需要进行整理和分析。研究者可以将访谈录音转录成文字，然后对文字数据进行编码和主题分析。通过发现关键主题和模式，研究者可以揭示教育现象的深层次内涵。

（三）观察

观察是一种直接观察和记录参与者行为的方法，适用于研究行为和环境之间的关系。例如，研究者可以通过观察课堂教学过程，了解教育者如何应用心理学理论指导教学。观察可以帮助研究者获取客观的行为数据，揭示教育实践中的现象和模式。

1. 观察类型的选择

观察可以分为参与观察和非参与观察。参与观察意味着研究者直接参与到观察的环境中，与教育者和学生互动。非参与观察则是研究者站在旁观者的角度，记录所见所闻。

2. 观察记录的准确性

观察数据的准确性对研究结果具有重要影响。研究者需要确保观察记录客观、详细，不带有主观偏见，使用观察记录表或笔记本，记录教育现象中的细节和变化。

3. 数据的分析和解释

观察数据需要进行分析和解释，以得出结论。研究者可以通过比较不同情境下的观察结果，分析教育现象的变化和模式。同时，研究者也需要将观察结果与其他数据源进行对比，以增加研究结果的可信度。

通过选择合适的数据收集工具，教育研究者可以获取丰富的信息，深入了解教育现象的多个方面。无论是问卷调查、访谈还是观察，这些方法都为教育研究提供了多种途径，用于揭示教育实践的复杂性和多样性。

三、数据来源：学校、教育机构、社区等

数据来源的选择对于研究结果的有效性和适用性具有重要影响。不同的数据来源可以提供不同层面的信息，帮助研究者全面地理解教育现象。

（一）学校

学校是教育研究的重要数据来源之一，研究者可以选择在学校开展调查、访谈或观察研究。学校提供了丰富的教育实践和学生群体，这可以帮助研究者获取真实的教育情境和数据。

1. 学校环境的真实性

学校环境能够为研究者提供真实的教育情境。研究者可以在学校开展调查、访谈或观察研究，直接观察教学活动、学生互动等。这些数据有助于捕捉教育现象的实际发生和演变过程，为研究提供具有实践意义的信息。

2. 对学生进行多样性考量

学校涵盖了不同年龄、背景和学习特点的学生群体。研究者可以从不同年级、学科或特殊教育班级等方面收集数据，以全面了解学生的学习特点和心理需求。这有助于个体差异和教育实践的研究。

（二）教育机构

除了学校，教育机构如培训机构、辅导机构等也是重要的数据来源。研究者可以从教育机构获取特定教育领域的数据，以深入探讨心理学在教育实践中的应用。

1. 深入特定领域研究

教育机构通常专注于特定领域的教育，如语言培训、艺术教育等。研究者可以从这些机构获取关于特定领域教育实践和心理特点的数据，以探讨心理学在不同教育领域的应用。

2. 特定群体的研究

教育机构往往有针对特定学生群体的培训和辅导项目。研究者可以选择参与这些项目，收集关于特定群体学习动机、学习策略等方面的数据。这有助于揭示特定群体的心理特点和教育需求。

（三）社区

社区也是潜在的数据来源，研究者可以通过社区调查或观察了解社区教育状况和需求。社区数据有助于探讨心理学如何在社会环境中为教育提供指导。

1. 社会背景的影响

社区数据可以帮助研究者理解社会背景对教育的影响。研究者可以通过社区调查了解不同社区的教育资源分配、家庭教育方式等。这有助于探讨社会环境对学习和发展的影响机制。

2.社区教育需求的识别

社区数据还可以帮助识别社区教育需求。通过与社区居民交流或观察社区教育活动，研究者可以了解社区居民的教育需求和期望。这有助于指导社区教育政策和实践。

通过合理选择研究方法和数据来源，研究者可以获得准确的研究结果，并为教育实践提供有价值的建议和支持。在接下来的章节中，我们将深入探讨研究方法和数据来源的应用，以及当代心理学如何与教育领域相互交织，为未来教育实践和研究提供更深入的理论支持。

第二章　当代心理学的理论框架和发展趋势

第一节　当代心理学的理论基础和主要流派

当代心理学涵盖了多个主要流派，每个流派都以其独特的理论观点和方法论在心理学领域发挥重要作用。其中，行为主义、认知心理学和人本主义是当代心理学的主要流派。

一、行为主义

（一）核心观点

行为主义是20世纪初兴起的心理学流派，其核心观点是强调对可观察行为的研究，主张通过分析刺激与反应之间的关系来理解和预测行为。行为主义者认为环境对行为的塑造起着关键作用，而内在的心理过程则是研究的重点。

1. 行为主义的兴起和背景

行为主义作为现代心理学的重要流派，起源于20世纪初。在此前，心理学主要关注内在的心理过程和意识，但随着实验心理学的兴起，人们开始强调可观察的行为，倡导进行科学性的实验研究。行为主义的兴起在很大程度上是对当时心理学方法和研究对象的一种反思和新的探索。

（1）背景与前景

行为主义的兴起可以追溯到20世纪初的心理学环境。在此之前，心理学主要受到哲学和意识流的影响，关注内在的心理过程和主观体验。然而，这种心理学方法的主观性和缺乏科学性引发了人们的质疑。同时，实验心理学的发展为心理学提供了一种新的研究方法，强调客观的实验和可观察的行为。在这个背景下，行为主义开始崭露头角。

（2）强调可观察行为

行为主义者认为心理学应该关注可观察的行为，而非主观的心理状态。他们强调，只有通过可重复的实验研究，才能够建立起真正科学的心理学体系。这种思想是行为主义发展的核心，也与当时心理学的主要趋势形成鲜明对比。

（3）忽视内在的心理过程

行为主义者将心理学视为一门自然科学，主张用实验方法研究刺激和反应之间的关系。在这个过程中，他们忽视了内在的心理过程，因为这些过程往往难以直接观察和测量。这种方法论在一定程度上限制了人们对人类思维、情感和意识等内在现象的研究。

2. 核心观点和方法论

行为主义强调对可观察行为的研究，将心理学视为一门自然科学，其研究方法受到自然科学的影响，注重客观、实验性和可重复性。行为主义者认为心理学应该关注外部刺激与行为之间的关系，而忽视内在的主观体验。

（1）强调可观察行为的重要性

行为主义的核心观点在于强调可观察行为是心理学研究的重要对象。行为主义者认为，只有通过观察行为在特定环境下的变化，才能揭示出刺激与反应之间的关系。这种观点带来了实验心理学的研究方法和科学化趋向。

（2）实验方法的运用

为了研究刺激和反应之间的关系，行为主义采用了严格的实验方法。实验设计允许研究者操纵特定刺激，观察相应的行为反应，从而得出因果关系的结论。这种方法论的运用使得心理学开始具备了实验科学的特点。

（3）可重复性和客观性的强调

行为主义者追求研究结果的可重复性和客观性。他们主张实验应该能够被其他研究者重复，以验证研究结论的有效性。这种强调客观性的方法论，为心理学的发展奠定了科学基础，使得心理学逐渐摆脱了主观性的影响。

行为主义在 20 世纪初兴起，其以强调对可观察行为的研究和实验方法的运用，为心理学带来了全新的研究取向。尽管它忽视了内在的心理过程，但行为主义在实验心理学的发展、学习理论的建立及行为干预的实践中都产生了重要影响。它为现代心理学的多样性和科学性发展作出了独特的贡献。

（二）经典条件作用和操作条件作用

在行为主义中，经典条件作用和操作条件作用是两个重要概念。经典条件作用是指一个中性刺激通过与一个有反应的刺激相关联，从而能够引发类似的反应。操作条件作用则强调通过奖励和惩罚来增强或减弱特定行为。这些原则在学习和行为改变中具有重要意义。

1. 经典条件作用

经典条件作用是行为主义中的重要概念，最早由俄国心理学家巴甫洛夫提出。这一概念强调环境中的刺激能够通过与有反应的刺激相关联，引发类似的反应。经典条件作用的经典实验是巴甫洛夫的狗实验，其中狗在多次将铃声和食物联系后，开始对仅有铃声的条件表现出食欲反应。

（1）巴甫洛夫的贡献

经典条件作用是行为主义理论中的重要概念，最早由俄国心理学家巴甫洛夫引入。巴甫洛夫通过他著名的狗实验揭示了刺激之间的关联与行为之间的联系。在这个实验中，他让狗在听到铃声的同时获得食物，随后他发现狗在只听到铃声时也表现出期待食物的反应。这种条件作用表明了环境中的刺激可以成为引发行为的触发器。

（2）经典条件作用的机制

经典条件作用的机制建立在刺激与反应之间的关联性上。当一个中性刺激（例如铃声）与一个有反应的刺激（例如食物）多次同时出现时，中性刺激会逐渐产生与之相关的反应。这种关联可以导致在只有中性刺激存在时，仍能引发与有反应刺激相似的反应，从而产生条件反射。

2. 操作条件作用

操作条件作用是行为主义中另一个重要的学习原则，也被称为“奖励和惩罚学习”。它强调个体通过与奖励和惩罚相关的行为来学习。美国心理学家斯金纳通过在动物实验中研究操作条件作用，提出了行为的结果会影响个体以后的行为选择。奖励增强和惩罚减弱，可以塑造和改变行为。

（1）斯金纳的实验

操作条件作用是行为主义的另一重要学习原则，由美国心理学家斯金纳推进。斯金纳的“Skinner Box”实验是操作条件作用的典型示范，他通过观察动物在特定环境中的行为来研究学习与行为之间的关系。他发现动物在得到奖励（如食物）时会增加特定行为的频率，在受到惩罚时则会减少。

（2）奖励和惩罚的影响

操作条件作用的关键在于奖励和惩罚对行为的影响。正向奖励（如食物、奖励性刺激）可以增加特定行为出现的概率，而惩罚则有助于抑制不良行为。通过这种方式，个体能够逐渐调整行为，以适应环境中的奖励和惩罚机制。

3. 学习和行为改变

行为主义的重要应用领域是学习和行为改变。基于经典条件作用和操作条件作用的原则，行为主义者开发了各种学习技术和行为干预方法。例如，系统脱敏技术利用经典条件作用的原理来帮助个体克服恐惧和焦虑，而通过奖励和惩罚的操作条件作用方法，研究者可以在教育、临床心理学和社会行为等领域积极推动行为改变。

（1）应用于教育和临床

经典条件作用和操作条件作用的原则在学习和行为改变领域具有广泛应用。在教育中，教师可以利用条件作用的原理，将积极的刺激与学习内容关联，增强学习的效果。在临床心理学中，系统脱敏技术就是基于条件作用的原理，用于治疗恐惧症。

（2）行为干预的方法

操作条件作用原则也广泛应用于行为干预领域。奖励系统，可以鼓励儿童养成积极的行为习惯。在企业和组织中，奖励机制可以激励员工高效工作。惩罚原则也可应用于纠正不良行为，如戒烟和减重计划。

4. 批评和发展

尽管行为主义在心理学领域取得了重要成就，但也受到了一些批评。行为主义过于强调外部刺激和反应之间的关系，忽视了个体内在的心理过程和主观体验。在20世纪中期，认知心理学的兴起弥补了这一缺陷，但行为主义的原则仍然在许多领域中得到应用。

（1）忽视内在的心理过程

尽管经典条件作用和操作条件作用为行为主义理论提供了重要基础，但这些原则过于强调外部刺激和反应之间的关系，忽视了个体内在的心理过程和主观体验。这一点在后来的认知心理学兴起后得到了弥补。

（2）多元化的应用

尽管行为主义在一些方面受到了批评，但其原则仍在教育、临床心理学、行为管理等领域得到广泛应用。行为主义的基本原则在不同领域和情境下可以被灵活运用，为实际问题的解决提供了一种可行的方法。

（3）行为主义与其他流派的整合

随着心理学的发展，行为主义与其他流派的观点逐渐融合，形成了多元化的研究取向。例如，认知行为主义结合了认知心理学和行为主义的思想，强调思维与行为之间的相互作用。这种整合为心理学的研究和应用带来了更丰富的视角。

行为主义通过对可观察行为的研究，强调刺激与反应之间的关系，并提出了经典条件作用和操作条件作用等重要原则。这些原则不仅对学习和行为改变领域产生了重要影响，也为心理学的科学化和实验研究方法的发展做出了贡献。虽然行为主义在某些方面受到了批评，但它依然在心理学领域具有重要地位。

二、认知心理学

（一）核心观点

认知心理学强调个体的思维、知觉、记忆和问题解决等内在心理过程，认为人类行为背后有复杂的认知活动在起作用。与行为主义不同，认知心理学关注人类的心理结构和处理信息的方式。

1.强调内在的心理过程

认知心理学作为现代心理学的重要分支，其核心观点在于强调个体的内在心理过程对行为的影响。相较于行为主义流派，它更加关注人类思维、感知、记忆、语言和问题解决等内在过程对行为的塑造作用。认知心理学认为行为不仅受到外部刺激的影响，更受到个体自身的思维活动所驱动。这种内在心理过程的关注使得认知心理学能够深入探究人类行为背后更为复杂的认知机制。

2.关注个体的思维过程

认知心理学关注人类思维的本质和过程，试图理解人类如何处理信息、生成思考及运用知识来解决问题。这一关注使研究者能够深入研究思维的各个方面，包括感知、注意、记忆、推理和决策等。通过对这些内在的思维过程的分析，我们能够更好地理解人类智力的本质，以及人类在不同情境下是如何产生行为的。

（二）信息处理模型和认知发展理论

认知心理学的信息处理模型将人类思维比作计算机的信息处理过程。它通过研究信息的输入、存储、检索和处理等过程，探究人类智力的本质。此外，认知发展理论探讨了从婴幼儿到成人的认知能力发展过程，揭示人类不同阶段的认知特点和能力。

1.信息处理模型

认知心理学采用信息处理模型来描述人类思维的过程。这个模型将人类思维比作计算机的信息处理过程，将思维视为一系列信息在心智系统中传递、加工和转化的过程。信息处理模型包括以下关键环节：

（1）输入阶段

信息的输入源于外部世界，可以是感知到的感觉刺激或内部的记忆。这些信息被感知系统接收并转化为可被大脑处理的形式。

（2）存储阶段

处理后的信息被存储在记忆系统中，以备后续加工和使用。记忆系统包括感知记忆（短时记忆）和长时记忆，其中长时记忆具有更长久的存储能力。

（3）加工阶段

在加工阶段，信息被传送到大脑不同的区域进行加工。这包括对信息的解码、编码、分类、比较、推理等各种认知操作。

（4）输出阶段

经过加工的信息最终被转化为行为、思考、决策等形式的输出。输出反馈又可以成为新的输入，形成信息处理的循环。

信息处理模型强调了个体在思维过程中对信息进行加工、转化和操作的方式，以及这些过程如何影响行为和认知。这种模型为研究人类思维过程提供了系统性的框架。

2.认知发展理论

认知发展理论研究个体从婴幼儿到成人的认知能力的变化和发展。这一理论揭示了人类认知能力在不同阶段的特点和变化，从而帮助我们更好地理解人类思维的演变和成长。

（1）皮亚杰的认知发展阶段理论

瑞士心理学家皮亚杰提出了著名的认知发展阶段理论，他将儿童的认知发展分为四个阶段：感觉运动阶段、前运算阶段、具体运算阶段和形式运算阶段。每个阶段都具有特定的思维特点和能力。

（2）维果茨基的社会文化理论

维果茨基强调社会文化环境对认知发展的影响，他认为人类的认知能力是通过社会交往和文化活动逐步形成的。他提出了“区域性发展”的概念，即通过与更有经验的人合作，个体可以超越自身的认知能力。

（3）知觉–动作协调阶段

在婴幼儿阶段，个体主要通过感知和运动来认知世界。随着年龄增长，他们逐渐发展出更复杂的认知能力，能够进行记忆、想象和推理等高级思维活动。

认知发展理论帮助我们理解个体从早期儿童到成人阶段的认知能力发展，以及认知能力如何在不同年龄段呈现出不同的特征。通过对认知发展的研究，我们能够更好地指导教育实践、了解认知缺陷，并为认知康复提供有效的干预方法。

（三）认知心理学的应用

1. 认知神经科学

认知心理学的研究成果与认知神经科学的发展相互呼应。现代神经科学技术使研究者能够更深入地了解人类大脑中与认知活动相关的神经机制。通过脑成像技术如功能磁共振成像（fMRI）、脑电图（EEG）等，研究者能够观察大脑在执行特定认知任务时的活动模式，从而揭示不同认知过程在神经层面的表现。

（1）认知神经机制的探索

认知神经科学致力于揭示思维、记忆、学习等认知活动在大脑中的神经基础。研究者通过分析脑部活动的模式，探究不同认知任务在大脑中的处理路径和相关脑区。例如，fMRI 技术可以帮助研究者识别与工作记忆、语言处理等认知功能相关的脑区。

（2）脑损伤与认知功能的关系

认知神经科学也研究了脑损伤与认知功能之间的关系。通过研究患者的脑损伤情况，研究者可以了解特定脑区对于不同认知过程的重要性。这有助于发展康复方法，帮助脑损伤患者恢复认知功能。

2. 教育和学习

认知心理学的研究成果对教育和学习领域产生了深远影响。了解不同年龄段的学习者如何处理信息、解决问题，可以指导教育者开发更有效的教学策略，从而提升学生的学习效果和成就。

（1）个体差异和教学

认知心理学研究揭示了个体在认知处理上的差异，如学习风格、认知策略等。教育者可以根据学生的个体差异，设计不同的教学方法和材料，满足每位学生的学习需求。

（2）教育技术和课程设计

认知心理学的原则在教育技术和课程设计中得到广泛应用。基于认知负荷理论，教育技术可以优化教学材料的呈现方式，减轻学生的认知负荷，提高学习效果。而认知心理学的原则也指导着课程设计者创建更有启发性和可持续性的学习体验。

（3）教学评估和干预

认知心理学的研究方法可以用于教学评估和干预的设计。通过测量学生在特定认知任务上的表现，教育者可以了解学生的学习进展，并及时调整教学策略。此外，认知干预方法可以帮助学生克服学习障碍，提升学习技能。

认知心理学在认知神经科学和教育领域的应用，丰富了人类对思维和学习的理解，同时也为改进教育实践和发展认知康复方法提供了有力支持。

三、人本主义

（一）核心观点

人本主义是一种心理学和哲学的取向，其核心观点在于强调个体的主观体验、自我实现和自我认知。相对于其他心理学流派，人本主义将注意力集中在人类的情感、内在动机和人际关系等方面，强调个体的成长和全人发展。人本主义强调每个人的独特性和尊重，认为每个人都有内在的价值和潜力。

1. 强调个体的主观体验和自我实现

人本主义作为一种心理学和哲学的取向，强调个体的主观体验和内在世界的重要性。与其他心理学流派相比，人本主义将关注的焦点从可观察的行为转移到了个体的内在感受和情感上。这意味着人本主义认为人类不仅是被动地对外部刺激做出反应，更是主动地赋予事件和经历以个人意义。

2. 自我实现和追求个体潜力的动机

核心观点之一是关于个体自我实现的追求。人本主义认为，每个人内心都怀有一种追求自我实现的动机，即发挥自身的全部潜能，实现自己的目标、价值和热情。这种追求推动个体在不同领域不断地成长、学习和发展，从而达到更高的个人满足感和幸福感。

3. 注重人际关系和社会联系

人本主义强调人际关系和社会联系在个体成长中的重要性。相对于以往关注个体的内在特质或行为，人本主义认为人类的发展与其与他人的互动、交往和共享经验密切相关。人际关系的质量和深度对个体的情感健康和自我实现有着重要影响。

（二）自我实现和积极心理学

1. 自我实现的追求

人本主义认为，个体内在地追求自我实现是人类的基本驱动力之一。这指的是个体追求发挥自身潜能，实现自己的目标、价值和激情。这种追求推动个体不断地成长、学习和探索，以实现自我完善和发展。

（1）个体内在的驱动力

人本主义强调个体天生具有内在的驱动力，即追求自我实现和发展的动机。这种内在的驱动力激发了个体不断地追求更高层次的成长、学习和探索。自我实现意味着个体充分发挥自身的潜能，实现内在的价值和激情。

（2）发挥个体的全部潜能

自我实现的追求鼓励个体超越表面层面的满足，寻求更深刻的目标和意义。这涉及对自身兴趣、能力和价值观的认知，以及在实现这些方面的努力。个体将自己视为一个不断发展和成长的实体，追求更高水平的自我达成。

2. 积极心理学的兴起

人本主义思想为积极心理学的发展奠定了基础。积极心理学关注个体的幸福感、优点和积极特质，旨在探究人类的繁荣和成长。与传统心理学关注的问题和障碍不同，积极心理学强调个体的优势、情感韧性和心理韧性，以及如何培养这些积极因素以提升生活质量。

（1）从问题导向到积极导向

传统心理学常常关注问题、障碍和缺陷，而积极心理学则将注意力转向了个体的优势、积极特质和幸福感。这种转变是人本主义思想在心理学领域的具体应用。积极心理学强调的是如何让个体更好地发展和实现，而非仅仅消除问题。

（2）幸福感和繁荣的研究

积极心理学关注人类的幸福感和繁荣，通过研究积极情感、流畅体验和人类的优势特质，揭示了人类繁荣的条件和方式。这种研究促进了人们对于积极生活方式的认识，推动个体寻求更有意义和愉悦的生活。

（3）培养心理韧性和情感韧性

积极心理学强调个体的心理韧性和情感韧性，这是个体应对挑战和逆境的能力。通过培养心理韧性，个体可以更好地应对生活中的压力和困难，从而更有效地实现自我目标。

3. 全力发展的支持

人本主义关注个体的全面发展，包括情感、社会和精神层面的健康。这种关注强调个体内心的满足，同时也关注个体与社会、人际关系的互动。人本主义强调人类的共同价值和人际互动的重要性，鼓励个体在社会中实现意义和目标。

（1）情感、社会和精神层面的平衡

人本主义关注个体的全面发展，包括情感、社会和精神层面的平衡。这意味着个体不仅要关注自身的情感健康，还需要与他人建立良好的人际关系，并在精神层面追求内心的宁静和平衡。

（2）社会互动的重要性

人本主义认为，个体的成长和发展离不开与他人的互动和合作。社会互动可以提供支持、反馈和情感满足，有助于个体在社会中实现更大的意义和价值。这与积极心理学强调的人际关系的重要性相互呼应。

人本主义的核心观点凸显了个体内在的需求、自我价值和追求自我实现的动机。它不仅促进了积极心理学的兴起，也为心理学领域提供了更加人性化和关注全力发展的视角。

第二节　当代心理学的研究方法和技术

一、神经科学、认知神经心理学等研究方法

（一）神经科学方法的应用

神经科学作为一个跨学科的研究领域，已经在当代心理学中占据了重要地位。它汇集了生物学、化学、物理学等多个学科的知识，旨在深入研究神经系统的结构和功能，从而揭示人类思维、情感和行为的神经基础。

1. 脑成像技术的突破

（1）功能磁共振成像（fMRI）的应用

脑成像技术在神经科学研究中具有重要作用，其中功能磁共振成像（fMRI）是最具代表性的一种。fMRI 技术通过测量血氧水平的变化来间接观察大脑不同区域的活动，为研究者提供了深入了解大脑功能和认知过程的机会。通过 fMRI，研究者能够在非侵入性的条件下，实时监测大脑在不同认知任务中的激活模式。

例如，在记忆研究中，研究者可以使用 fMRI 来观察大脑在学习和回忆过程中的活动。通过让被试记住一些单词或图像，然后在 fMRI 扫描中要求他们回忆这些信息，研究者可以揭示出参与记忆的大脑区域及它们的连接模式。这种方法有助于我们了解不同类型的记忆是如何在大脑中编码和检索的。

（2）神经链接分析的应用

除了研究单个脑区的活动外，神经科学方法还允许我们研究不同脑区之间的相互作用。神经链接分析是一种基于脑成像数据的技术，可以揭示出大脑各区域之间的连接模式。例如，脑的默认模式网络被认为与内省、自我反思等活动有关。通过分析不同脑区之间的功能连接，研究者可以理解大脑在休息状态下的活动模式，进一步揭示脑网络的复杂性。

2. 神经可塑性的研究

（1）电生理技术的应用

神经可塑性是大脑适应性变化的关键概念，而电生理技术如脑电图（EEG）和磁脑图（MEG）是研究这一现象的重要工具。通过这些技术，研究者可以实时记录大脑神经信号的变化，从而深入了解大脑在认知任务中的适应性调整。例如，当个体在学习新任务时，

脑电图可以捕捉到与任务相关的电活动的变化，揭示大脑在适应新信息和任务要求时的变化模式。

（2）神经康复和干预的应用

神经可塑性的研究为神经康复和干预提供了理论基础。在康复过程中，如何促进大脑的可塑性以恢复受损的功能成为重要问题。通过计算机辅助训练、脑机接口等技术，研究者可以利用神经可塑性原理来促进康复效果。例如，对于中风患者，针对性的康复训练，可以促使大脑其他区域来承担受损区域的功能，从而实现功能的部分或完全恢复。

神经科学方法如脑成像技术和电生理技术及神经可塑性的研究为我们提供了深入了解大脑结构与功能的途径。这些方法不仅在基础研究中发挥重要作用，也在临床应用中为神经康复、认知干预等提供了有力支持。

（二）认知神经心理学的贡献

认知神经心理学是将认知心理学和神经科学相结合的前沿领域，旨在探究人类思维和心理过程的神经机制。通过将心理学的认知研究与神经科学的技术手段相结合，认知神经心理学为我们提供了深入理解认知功能的窗口。

1. 脑损伤病例研究

脑损伤病例研究是认知神经心理学的重要方法之一，它通过观察脑部受损患者的认知功能损害，揭示不同脑区与认知过程之间的关系。这种方法对于理解特定脑区在认知功能中的作用至关重要。例如，研究人员可以研究受损前额叶区域与决策制定能力之间的关系。通过比较患者的决策行为与健康对照组的表现，研究者可以确定前额叶在评估风险、权衡利弊和作出决策时的作用。这种研究不仅为我们揭示了大脑区域的特定功能，还有助于理解脑部损伤如何影响认知过程。

2. 神经影像与认知任务的结合

（1）功能磁共振成像（fMRI）与学习记忆

认知神经心理学将神经影像技术与认知任务相结合，以深入探究大脑在不同认知过程中的活动。在学习和记忆研究中，fMRI 技术被广泛应用。例如，研究人员可以利用 fMRI 来观察大脑在学习新信息和回忆已有信息时的活动模式。

研究者可以设计实验，让被试学习一系列单词，然后在 fMRI 扫描中观察他们回忆这些单词时的大脑活动。通过比较学习和回忆时的激活区域，研究者可以了解不同脑区在不同阶段的记忆过程中的作用。这种结合使我们能够更加详细地了解记忆的神经机制。

（2）脑电图（EEG）与认知过程

脑电图（EEG）是一种记录大脑电活动的技术，它在研究认知过程中也发挥了重要作用。通过分析脑电信号，研究人员可以观察大脑在不同认知任务中的电活动变化。例如，在注意力研究中，研究者可以使用 EEG 技术来观察被试在执行注意力任务时大脑的电活动。通过分析不同频率的脑电波，研究者可以揭示大脑在注意力集中和分散过程中的变化。这种方法有助于我们理解大脑在不同认知状态下的动态变化。

神经科学和认知神经心理学的应用为我们提供了深入了解大脑和认知功能之间关系的机会。这些方法不仅丰富了心理学的研究内容，还为临床干预、神经康复等领域提供了有益的信息。随着技术的不断发展，我们可以期待这些方法将继续推动心理学的进步和创新。

二、先进技术在心理学研究中的应用

（一）虚拟现实和增强现实技术

1. 情境再现与情感研究

（1）虚拟环境的模拟能力

虚拟现实（Virtual Reality，VR）和增强现实（Augmented Reality，AR）技术为心理学研究引入了一种强大的情境再现手段。通过创建逼真的虚拟环境，研究者能够模拟各种情境，从而观察个体在不同情境下的认知和情感反应。这种模拟的能力为研究人员提供了独特的机会，使他们能够更加精细地探究认知和情感过程。

（2）社交焦虑症的研究实例

例如，虚拟现实技术可以被用于研究社交焦虑症等心理问题。研究者可以创建虚拟社交场景，让患者在虚拟环境中与虚拟人物进行互动。这使得研究者能够控制情境的变化和难度，逐步暴露患者于可能引发焦虑的社交情境中。通过观察患者在虚拟社交情境中的生理反应和情感体验，研究者可以更好地理解社交焦虑症的机制，为治疗提供指导。

2. 临床应用和心理治疗

（1）恐惧症治疗的创新方法

虚拟现实技术在临床心理治疗领域表现出巨大的应用潜力。特别是在恐惧症治疗中，虚拟现实技术可以提供一种创新的暴露疗法。患者可以在虚拟环境中逐步暴露于他们害怕的刺激中，例如高楼、飞行、动物等。由于虚拟环境的安全性，患者能够在一个受控的情境下面对他们的恐惧，从而逐渐减少恐惧感受。

（2）应用于心理康复

虚拟现实技术还被应用于心理康复。例如，一些虚拟现实技术应用旨在帮助个体减轻压力和焦虑。通过沉浸在平静的虚拟环境中，个体可以放松身心，缓解紧张情绪。这种应用可以用于促进身心健康，提高情绪调节能力，减少压力引发的不适。

（3）个性化治疗方案

虚拟现实技术还可以支持个性化治疗方案的开发。由于虚拟环境的可控性，治疗师可以根据患者的特定需求和问题定制治疗方案。例如，在处理创伤后应激障碍时，治疗师可以创建虚拟场景，以逐步引导患者重新面对和处理创伤经历。

虚拟现实和增强现实技术为心理学研究和治疗带来了革命性的变革。这些技术不仅为研究人员提供了更真实的情境再现方式，还为心理治疗师创造了创新的治疗手段。通过虚拟现实和增强现实技术，我们能够更好地理解人类认知和情感的本质，同时为心理问题的解决提供更多可能性。

（二）生物反馈技术

生物反馈技术在心理学研究中的应用旨在帮助个体学会调节自身生理状态。例如，通过监测心率、皮肤电导等生理指标，个体可以获得实时反馈信息，了解自身情绪和应激反应。这种自我监控和调节的方法在焦虑障碍、注意力障碍等问题的治疗中具有潜力。

1. 自我监控与调节的概述

生物反馈技术在心理学研究和治疗中充当着桥梁的角色，能帮助个体通过实时监测生理指标，了解和调节自身的生理状态和情绪反应。这种技术使个体能够更加了解自己的身体反应，从而有助于实现自我调节、放松和情绪管理。其中，心率、皮肤电导等生理指标成为重要的反馈依据，个体能够在生理层面更有意识地应对各种情境。

2. 生物反馈技术的应用领域

（1）焦虑障碍治疗

生物反馈技术在焦虑障碍的治疗中具有潜力。通过监测心率和皮肤电导等生理指标，患者可以获得关于自身情绪状态的实时信息。例如，当患者感到紧张和焦虑时，生物反馈设备会显示相应的生理变化。在治疗过程中，患者可以学习使用深呼吸、渐进性肌肉松弛等技巧来减轻身体的紧张感，从而降低焦虑水平。

（2）注意力障碍的干预

生物反馈技术也可以应用于注意力障碍（如注意力缺陷多动障碍，ADHD）的干预。对于 ADHD 患者，集中注意力和情绪管理可能是具有挑战性的。通过监测脑电图（EEG）等生理指标，患者可以获得关于注意力水平和冲动控制的反馈信息。治疗师可以与患者合作，通过认知训练和生物反馈来帮助他们提高注意力集中能力和情绪调节技巧。

（三）大数据分析和机器学习

大数据分析和机器学习在心理学研究中的应用使研究者能够更深入地挖掘数据中的信息。通过分析大规模数据集，研究者可以识别出模式、趋势和关联，从而更好地理解人类行为和心理过程。机器学习算法的应用可以用于预测个体的行为，识别心理障碍的特征，甚至辅助临床诊断和个性化治疗方案的制定。

1. 大数据分析的崛起

随着信息技术的发展，我们能够获取和存储比以往任何时候都更多的数据，包括社交媒体活动、在线问卷调查、生理传感器数据等。这些数据提供了更全面、多样化的信息，有助于深入了解人类行为和心理过程。

（1）数据获取的增加与多样性

随着信息技术的快速发展，我们正处于一个数字化时代，数据的获取和存储能力大幅提升。社交媒体平台、移动应用、传感器技术等的普及，使得人们的行为、交流、情感等各个层面都被数字化记录下来。从社交媒体活动到在线问卷调查，从生理传感器数据到购物行为，我们能够获得比以往任何时候都更多、更丰富的数据。

（2）数据的全面性和深度

这些数据具有全面性和深度，能够揭示人类行为和心理过程的多个维度。社交媒体上的言论和互动呈现了人们的社交网络和情感表达方式，在线问卷调查可以收集到个体的态度、信念和价值观等信息，生理传感器数据则展现了人体的生理反应和状态变化。这些多样化的数据类型相互交织，为研究者提供了深入探索人类行为和心理的机会。

（3）研究方法的革新

大数据的崛起促使心理学研究方法发生革新。传统的研究方法可能受限于小样本和实验室环境，难以捕捉到真实世界中的复杂行为和心理过程。而大数据分析为研究者提供了一种更贴近真实情境的方法，研究者能够从真实行为和社会互动中获取数据，以更准确地理解人类行为。

2. 大数据分析的优势

（1）模式和趋势的识别

研究者能够更容易地识别出数据中的模式和趋势。通过分析大规模数据集，研究者可以发现隐藏在数据背后的规律，揭示人类行为和心理过程的规律。例如，通过分析社交媒体数据，研究者可以了解人们的情感状态和情感传播模式。

（2）关联分析和因果推断

大数据分析还使研究者能够进行更复杂的关联分析和因果推断。通过比较不同数据集之间的关系，研究者可以探索变量之间的关联性，甚至试图推断出因果关系。这有助于理解不同因素如何影响人类行为和心理过程。

3. 机器学习在心理学研究中的应用

（1）行为预测与个体差异

机器学习算法在心理学研究中具有巨大的应用潜力。通过训练模型，研究者可以预测个体的行为和决策。例如，基于大量的行为数据，机器学习可以预测一个人在特定情境下的购买决策或社交互动方式。此外，机器学习还可以揭示不同个体之间的行为差异和特征。

（2）心理障碍识别与个性化治疗

机器学习在心理障碍的识别和治疗方面也具有应用前景。通过分析语言、声音、生理数据等多种数据源，机器学习可以识别出心理障碍的特征，帮助早期诊断和干预。此外，机器学习可以根据个体的数据制定个性化的治疗方案，提高治疗效果。

先进技术在心理学研究中的应用为我们提供了更多工具和途径，帮助我们更全面地理解认知过程、情感体验和心理障碍的本质。这些技术的发展为心理学领域的研究和实践带来了新的可能性和前景。

第三节　当代心理学的发展趋势和前沿领域

一、跨学科合作与综合性研究的崛起

（一）跨学科合作的重要性

在当代，心理学日益强调跨学科合作，与其他领域交叉融合。心理学与神经科学、计算机科学、社会学、哲学等领域的交叉合作，不仅拓展了研究的深度，还有助于解决复杂问题。不同学科的专业知识相互交融，为心理学研究提供了更广阔的视野。

1. 多领域知识的交融

当代心理学越来越意识到单一学科的局限性，开始倡导与其他领域的跨学科合作。神经科学、计算机科学、社会学、哲学等领域的专业知识相互交融，为心理学提供了全新的视角和解决问题的途径。例如，心理学家与神经科学家合作，可以结合脑成像技术研究情感和认知的神经机制，从生物学角度深入理解心理现象。

（1）拓展研究视角

在当代心理学中，单一学科的视角已经不足以解释复杂的心理现象。与其他领域的合作，特别是神经科学、计算机科学、社会学和哲学等领域，可以为心理学研究提供多元化的观点。例如，将心理学和神经科学结合，可以揭示情感和认知过程在大脑中的神经机制，为我们提供深入的生物学解释。

（2）跨界知识的融合

不同领域的知识和方法在跨学科合作中相互融合，创造出新的研究范式和方法。跨领域团队的成员带来了各自领域的专业知识，这有助于拓展研究设计、数据分析和解释的可能性。例如，将计算机科学中的机器学习技术应用于心理学数据分析，我们可以发现以往难以察觉的模式和关联。

2. 解决复杂问题

许多当代社会问题涉及多个层面和因素，单一学科难以全面解决。跨学科合作可以帮助心理学家从不同角度分析问题，制定更有效的解决方案。例如，结合社会学和心理学，我们可以深入研究群体行为和集体决策的心理机制，为社会政策提供科学依据。

（1）综合视角的优势

复杂的社会问题往往涉及多个层面和因素的交互影响。单一学科难以全面解决这些问题，需要跨学科合作来提供综合性的视角。合作过程中，不同学科的专家能够共同探讨问题的不同层面，从而更准确地理解问题的本质和影响因素。

（2）创新解决方案的产生

不同学科的融合可以带来创新的解决方案。例如，将社会学和心理学结合，可以深入研究人群行为的心理动因，从而提出更有针对性的社会干预措施。跨学科团队的创新思维和方法论有助于开创新的研究领域和问题域。

（3）社会政策的支持

跨学科合作不仅在学术研究中有益，也对社会政策的制定和实施有积极影响。通过将心理学知识与社会学、政治学等领域的见解结合，我们可以为社会问题提供更全面的分析，从而为政策制定者提供更有针对性的建议和方案。

（二）综合性研究的兴起

综合性研究成为前沿趋势，强调整合不同方法和层面的研究，以获得更全面的认识。心理学研究不再局限于单一的方法或理论，而是倾向于综合多种方法、多个层面的数据，以揭示问题的多重维度。

1. 跨越不同方法和层面

传统上，心理学研究常常依赖于特定方法和理论，这限制了我们对问题的全面理解。综合性研究强调不同方法的结合，比如结合实验研究和田野调查，定量和定性研究的结合，以获取更丰富的数据和深刻的认识。

（1）方法的结合与拓展

传统心理学研究往往在特定的方法和理论框架下进行，可能无法全面地理解复杂的心理现象。综合性研究强调将不同的研究方法进行有机结合，从而更全面地把握问题。例如，将定量研究和定性研究相结合，我们可以在数值数据中深入挖掘情感、动机等背后的意义。

（2）数据的丰富性和多样性

综合性研究致力于获取丰富多样的数据，以便更全面地解析心理现象。结合不同方法获得的数据，研究者可以更准确地把握问题的本质。例如，结合心理测量、生理数据和行为观察，我们可以在情感研究中更全面地捕捉情感的特点和变化。

2. 多维度问题的解析

许多心理学问题涉及多个维度，如情感、认知、行为、生理等。综合性研究通过综合多个维度的数据，揭示问题的多重层面。例如，在研究心理健康问题时，我们综合考虑生理指标、心理评估和社会因素，能够更准确地了解问题的本质。

（1）问题的多重层面

许多心理学问题涉及多个维度，这使得用单一方法难以充分揭示问题的本质。综合性研究通过融合不同维度的数据，能够从多个角度深入分析问题。例如，研究自尊心时，我们可以同时考虑自我评价、生理反应和社会关系，从而更全面地理解自尊心的形成和影响因素。

（2）提供全面认识

综合性研究有助于提供更全面的认识，避免了局限于特定维度的片面解释。通过将不同层面的数据进行整合，研究者可以生成更准确、更丰富的理论。例如，在心理健康研究中，结合生理指标、心理测量和社会因素，我们可以更好地了解心理健康问题的成因和干预策略。

（3）跨学科与综合性研究的融合

综合性研究与跨学科合作密切相关。跨学科合作不仅涉及不同领域的专业知识，还包括了综合性研究方法的应用。通过跨学科合作，研究者可以更好地融合不同领域的见解和方法，实现全面而深入的研究。

（三）具体实践与案例

心理学家与教育学家合作，探索教育干预对学习者心理发展的影响。这些合作促进了不同领域的知识交流，推动了心理学的进一步发展。

1. 神经科学与认知研究

跨学科合作将心理学与神经科学结合，为认知研究提供了新的视角和方法。心理学家与神经科学家合作，利用脑成像技术如 fMRI（功能磁共振成像）和 EEG（脑电图）来探究认知过程的神经机制。通过这些技术，研究者可以实时地观察大脑在不同认知任务中的活动，从而深入了解认知功能的神经基础。

（1）fMRI 在认知研究中的应用

心理学家与神经科学家合作，利用 fMRI 技术来研究认知任务期间不同脑区的激活模式。例如，在学习与记忆研究中，研究者可以使用 fMRI 来观察大脑在学习新信息和回忆已有信息时的活动。通过分析不同脑区之间的连接和协同作用，研究者可以更准确地揭示记忆过程的神经机制。

（2）EEG 在认知研究中的应用

心理学家与神经科学家合作，应用 EEG 技术来研究认知过程中的脑电信号。例如，在注意力研究中，研究者可以使用 EEG 来测量特定频率范围的脑电活动，以了解不同任务对注意力分配的影响。通过分析脑电信号的变化，研究者可以揭示注意力调控的神经机制。

2. 教育学与学习研究

跨学科合作将心理学与教育学结合，为教育干预提供了更科学的基础。心理学家与教育学家合作，研究学习者的认知发展和教育干预。综合分析学习者的心理特点、认知能力和环境因素，可以更好地优化教育方法和教学设计。

二、心理健康、人工智能与教育技术等前沿领域

（一）心理健康与幸福感研究

心理健康与幸福感研究一直是心理学关注的焦点。随着社会压力和心理问题的增加，心理健康研究越发重要。心理学家关注心理疾病的预防、幸福感的提升，通过探究心理干预策略、压力管理技能等，为个体提供更好的心理支持。

1. 心理健康的关注与重要性

心理健康与幸福感的研究在当今社会备受关注，这种关注不仅源于日益加快的生活节奏和不断增加的精神压力，更是因为心理健康问题已经成为全球性的挑战。随着心理健康问题的日益凸显，人们开始认识到心理健康的重要性，它不仅会对个体的幸福和生活质量产生影响，还关系到社会的稳定和可持续发展。

在心理健康领域，研究者致力于深入了解心理问题的成因、发展和干预策略，旨在提升个体的心理福祉。心理健康研究不仅关注心理疾病的预防和治疗，更重要的是探讨如何在日常生活中保持心理健康，以及如何培养积极的情感体验和心理资源。

2. 心理干预与压力管理

心理健康的促进离不开有效的心理干预和压力管理策略。心理学家在这方面发挥着重要作用，他们不仅开发各种心理干预方法，还持续地对这些干预策略进行研究和改进。认知行为疗法、正念训练、解决问题技能等方法被广泛应用于焦虑、抑郁、应对挫折等心理问题的治疗中，研究者通过帮助个体改变消极的思维模式和应对策略，从而提升其心理健康水平。

此外，心理健康研究也关注于培养有效的压力管理技能。生活中的压力无法避免，但通过学会应对、缓解和适应，个体可以减少压力对心理健康的不良影响。心理学家通过教授应对技能、情绪调节方法等，帮助个体更好地处理生活中的各种挑战和压力源。

3. 幸福感的探索与培养

幸福感作为心理健康的重要组成部分，也是心理学研究的热门领域之一。研究者对幸福感的构成要素进行深入探索，以揭示幸福感的内在机制。积极情绪、满足感、人际关系质量等都被认为是幸福感的重要影响因素。通过深入了解这些因素，个体可以更有针对性地培养幸福感。

心理学家通过心理干预和心理教育，帮助个体学习提升幸福感的技能。积极心理干预，如积极心理训练，鼓励个体培养乐观、感恩和自我接纳等积极情感；正念训练则帮助个体更好地关注当下，减少负面情绪的干扰；人际关系技能的培养有助于改善人际互动，增强幸福感。

（二）人工智能与心理学

人工智能（AI）的崛起也对心理学产生了影响。AI 技术在认知过程模拟、心理测量、心理健康辅助等领域得到应用。例如，人工智能可以分析个体的语言、行为数据，辅助心

理健康评估和干预。同时，心理学的理论和方法也为人工智能的发展提供了启示，优化AI算法和系统。

1. 人工智能在认知模拟中的应用

人工智能技术在心理学领域的认知模拟方面呈现出巨大的应用潜力，为心理学研究带来了全新的视角。通过利用人工智能技术，研究者可以模拟人类的认知过程，从而更好地理解信息的处理、决策的制定及其他心理活动。这种模拟可以帮助研究者深入研究各种认知机制，如学习、记忆、推理等，为心理学理论提供更加精准的验证和解释。

人工智能在认知模拟中的应用涉及复杂的计算模型和算法，通过模仿人脑的信息处理方式，可以实现对认知过程的模拟和预测。例如，在学习研究中，人工智能可以模拟人类的学习曲线，预测知识的掌握速度和深度。这种方法使研究者能够更好地理解认知发展的动态过程，进而为教育和培训领域提供更科学的指导。

2. 人工智能在心理测量中的应用

人工智能技术在心理测量领域的应用也引起了广泛关注。通过分析个体的语言、行为数据，人工智能可以进行情感分析、人格特征预测等。这种应用为心理健康的评估和干预提供了更为精准的手段，有助于个体获得更好的心理支持。

在情感分析方面，人工智能可以分析文本、语音和图像数据，识别出其中的情感内容，帮助心理学家和临床医生更好地了解个体的情感状态。同时，人工智能还可以预测个体的人格特征，通过分析社交媒体的数据和言语特点，揭示出个体的心理特征，为个性化的心理干预提供基础。

3. 人工智能与心理健康辅助

人工智能技术在心理健康辅助方面也取得了显著进展。虚拟心理医生和情感支持机器人等应用成为为个体提供心理支持的新途径。这些虚拟助手可以随时随地提供心理咨询和建议，帮助个体管理情绪、应对压力和焦虑。

虚拟心理医生可以基于人工智能技术，与个体进行对话和交流，了解其情感状态和问题，并提供相应的心理支持。情感支持机器人则通过语音识别和情感分析技术，识别出个体的情感状态，为其提供情感调节的建议和方法。这些应用为个体提供了更加便捷和隐私的心理健康支持渠道。

（三）教育技术与学习研究

教育技术的创新也成为前沿领域之一。心理学家关注如何通过技术改进教育方式，促进有效学习。在线学习、个性化教育、虚拟现实等技术在教育领域得到应用，心理学研究者通过研究学习者的认知过程和情感反应，指导教育技术的设计和应用。

1. 个性化教育的实现

教育技术的创新为实现个性化教育提供了前所未有的机会。传统的教学方法难以满足每个学生的个体差异，而教育技术的发展使得个性化教育成为可能。通过分析学习者的学习数据，如学习进度、学习方式偏好等，教育技术可以根据每个学生的需求和特点，量身定制教学内容和教学方法。这种个性化教育可以提高学习效果，增强学生的学习动机和兴趣。

个性化教育的实现需要教育技术与心理学的深度合作。心理学家可以通过研究学习者的认知特点、学习风格和情感状态，为教育技术提供更准确的学习者分析。这种合作可以帮助教育技术更好地理解学生的需求，从而为他们量身定制个性化的学习体验。

2. 虚拟现实技术在教育中的应用

虚拟现实技术在教育领域的应用为学习研究带来了全新的可能性。虚拟现实技术可以创造出沉浸式的学习环境，使学生仿佛身临其境，参与其中。这种沉浸式的学习体验能够增强学习者的参与感、体验感，从而提高知识的吸收和理解。

在虚拟现实技术应用中，学习者可以通过互动与环境进行互动，参与模拟实验、场景重现等活动。例如，在历史课堂中，学生可以通过虚拟现实技术参观历史事件的场景，增强他们的历史感知和理解。这种学习方式能够激发学生的学习兴趣，提高学习效果。

3. 教育技术的有效性研究

心理学家与教育学家的合作对于评估教育技术的有效性至关重要。教育技术的设计和应用需要基于科学的原则，确保其真正促进学习。通过研究学习者在使用不同教育技术时的认知过程、情感反应和学习成效，我们可以全面评估教育技术的效果。

研究者可以通过实验研究、长期追踪和比较研究等方法，分析学习者在使用教育技术时的表现和学习成果。这种研究有助于识别教育技术的优势和局限性，指导教育技术的改进和发展。心理学的理论和方法可以为教育技术的评估提供深入的洞察，确保其在实际应用中能够真正增进学习效果。

当代心理学面临着跨学科合作的挑战和机遇，它同时在心理健康、人工智能、教育技术等前沿领域取得了显著进展。这些发展将进一步推动心理学的发展，丰富我们对人类心理和行为的理解，为解决社会问题提供更多有益的见解。随着技术和社会的不断变化，我们可以期待心理学在更广阔领域的创新和应用。

第三章　心理学在教育研究中的应用

第一节　教育心理学的概念和特点

一、教育心理学的定义与范畴

（一）教育心理学的概念

教育心理学是心理学的一个分支，专注于研究教育环境中学习者的心理过程、发展特点及教育实践中的心理现象。它探究教育与心理之间的相互关系，旨在提供科学的理论和实践指导，以促进教育的有效性和学习者的全面发展。

1. 教育心理学的定位和重要性

教育心理学作为心理学的一个分支，专注于探究教育与心理之间的紧密关系。它研究教育环境中学习者的心理过程、发展特点及影响其学习和发展的因素。通过深入分析学习者的认知、情感、行为等方面的特征，教育心理学旨在提供科学依据，以改进教育实践，促进学习者全面发展。

（1）教育心理学的内涵

教育心理学是心理学的一个重要分支，其核心任务是研究教育环境中学习者的心理过程、行为表现及个体在教育过程中的心理现象。它致力于深入理解教育与心理之间的相互作用关系，为优化教育实践和提升学习者的综合发展提供科学依据。

（2）探究学习与发展

教育心理学关注学习者在教育环境中的心理活动，从认知、情感、社会角度分析个体在学习和发展过程中的表现。它深入研究学习者的特点、需求和潜力，帮助教育者更好地满足学习者的成长需求。

2. 从理论到实践的桥梁

教育心理学不仅关注理论研究，更强调将理论转化为实践指导。通过深入研究学习者的心理特点，教育心理学为教育者提供有效的教学策略、干预方法和个性化支持，从而提高教育的质量和效果。

（1）理论与实践的融合

教育心理学作为一个实践导向的学科，致力于将理论知识与实际教育情境相结合，构建起从理论到实践的桥梁。这种融合不仅能够为教育实践提供科学依据，还能够为理论研究提供实际验证的机会。

（2）实际问题的引导

教育心理学的研究常常从实际教育问题出发，例如学习者的困难、教学效果的提升等，这些问题引导着理论的构建和验证。研究者通过深入分析实际问题，提出相应的假设和理论，从而为解决这些问题提供理论支持。

（3）教育实践中的试验和验证

理论转化为实践的关键环节在于将理论进行实际验证。教育心理学采用实验、调查、观察等方法，验证理论的有效性和适用性。这些验证过程不仅能够证明理论的正确性，还能够指导教育实践的调整和改进。

（二）教育心理学的范畴

教育心理学涵盖广泛，包括学习、教学、评估、发展和教育干预等多个领域。它研究学习者的认知、情感和行为，分析教学过程中的因素对学习的影响，关注学习者的发展阶段和特点，探索教育干预的有效性，以及评估教育成果等。

1. 学习研究

（1）认知过程研究

教育心理学深入研究学习者的认知过程，包括注意、记忆、思维、问题解决等。通过了解学习者的信息加工和思维方式，教育者可以更好地设计教学活动，促进有效学习。

（2）学习策略探究

学习策略对学习效果至关重要。教育心理学关注学习者如何选择和应用不同的学习策略，如记忆技巧、思维导图等，以提高学习效率和质量。

2. 教学研究

（1）教学方法与效果

教育心理学分析不同教学方法对学习者的影响，探究适合不同主题和学习者特点的教学策略。它研究互动式教学、问题导向学习等，以提升教学效果。

（2）教师—学生关系

教师—学生关系对学习者的学习体验和成效会产生重要影响。教育心理学关注如何建立积极的师生关系，以及教师如何更好地理解学生需求，提供支持和指导。

3. 评估与测量

（1）学习者评价

教育心理学研究学习者的评价方式和标准，包括自我评价、同伴评价、教师评价等。它探究如何有效地评价学习者的知识、技能和情感特点。

（2）教学成效评估

教育心理学关注教学活动的成效评估，通过分析学习者的学习成果和表现，评价教学质量，以及调整教学策略和目标。

4. 发展心理研究

（1）发展阶段特点

教育心理学研究学习者在不同发展阶段的心理特点，如婴幼儿期、儿童期、青少年期等。它帮助教育者理解学习者的生理和心理需求，制订适应性的教育计划。

（2）社会情感发展

教育心理学关注学习者的社会情感发展，如自尊心、同理心、人际关系等。它研究如何培养学习者的积极情感和社会技能，促进其全面发展。

5. 教育干预与支持

（1）心理健康干预

教育心理学研究如何通过心理干预方法帮助学习者应对压力、焦虑、抑郁等心理问题，提升心理健康水平。

（2）特殊教育与辅导

教育心理学关注特殊学习需求的学习者，如学习障碍、注意力障碍等的学习者。它探究如何为这些学习者提供个性化的教育支持和辅导。

6. 教育政策与改革

教育心理学的研究成果对教育政策制定和改革具有重要指导意义。它提供给教育决策者关于教育目标、教育方法和评估体系等方面的科学建议，推动教育体制的持续创新。

教育心理学广泛涵盖了学习、教学、评估、发展和教育干预等多个领域，旨在深入研究学习者的认知、情感和行为特点，提供科学依据以优化教育实践，实现学习者的全面发展，其范畴的多样性为教育改进提供了多方面的支持和启示。

二、教育心理学在提升教育质量中的作用

（一）了解学习者的心理特点

教育心理学在提升教育质量中的作用首先体现在深入了解学习者的心理特点。不同年龄、背景的个体都具有独特的认知、情感和行为特征，这些特点对于教育者来说是至关重要的信息。

1. 学习者发展特点的研究

教育心理学通过深入研究不同年龄阶段学习者的认知、情感和社会发展，帮助教育者更好地理解学习者的成长过程，从而更准确地指导教学。针对不同发展阶段的学习者，教育心理学指出了其具体的发展特点，以及这些特点对学习方式和教学方法的影响。

在幼儿阶段，教育心理学研究表明，幼儿的学习更加依赖感官和直观经验。因此，

教育者需要通过视觉、听觉等多种感知通道来传递信息，注重基本技能的培养，例如语言、认知和动作协调能力。此阶段的教学应该注重互动、游戏和探索，以促进幼儿的全面发展。

而在青少年阶段，学习者的认知能力不断提升，思维开始抽象化和逻辑化。教育心理学研究表明，青少年对于社会关系、自我认同和价值观的探索变得更加重要。因此，教育者在这个阶段应该鼓励学生的批判思维和自主学习，创设有挑战性的学习任务，培养他们的问题解决能力和创新思维。

2. 学习风格和兴趣的分析

教育心理学通过分析学习者的学习风格和兴趣，帮助教育者更好地设计教学方案，使之更具个性化和针对性。学习风格是指学生在学习过程中更倾向于使用的认知方式，例如视觉、听觉、动手等。了解学生的学习风格可以帮助教育者选择合适的教学媒介和方法，以最大程度地促进信息的吸收和理解。

此外，教育心理学还关注学生的兴趣爱好。了解学生的兴趣可以帮助教育者创设有趣的学习场景，将学习与实际生活和个人兴趣联系起来。通过结合学习内容与学生的兴趣，教育者能够激发学习的动机，提高学生的学习投入和积极性。

教育心理学通过深入研究学习者的发展特点、学习风格和兴趣，帮助教育者更好地了解学习者的心理特点。这样的了解有助于教育者根据学生的个体差异，制定更加个性化和有效的教学策略，从而提升教育的质量和学习者的学习体验。

（二）优化教学设计

教育心理学的另一个作用是优化教学设计，使之更符合学习者的认知和情感需求，从而提高教育质量。

1. 认知过程的分析与引导

教育心理学的研究对于分析和引导学习者的认知过程具有重要意义。认知过程涉及学习者如何处理信息、记忆、思考和解决问题等方面。通过深入了解这些认知过程，教育者可以更好地设计教学任务，以促进学生的深层次思考和批判性思维。例如，在教学中引入问题解决式任务，可以激发学生主动探索和分析问题的能力，从而培养他们的独立思考能力。

同时，教育心理学的研究还可以帮助教育者识别学习者的认知障碍和困难，从而提供针对性的教学支持。例如，一些学生可能在信息处理速度方面存在困难，教育者可以采用分步引导的方式，逐步培养他们的信息整合能力。通过针对性的教学干预，学习者能够更好地克服学习障碍，提升学术表现。

2. 激发学习动机与情感管理

教育心理学研究学习动机和情感管理的策略，为教育者提供了有效的工具，以激发学生的学习动机并帮助他们更好地管理情感。学习动机是影响学生投入学习的重要因素，教育者可以利用不同类型的学习动机来设计激发兴趣的课程。例如，为学生提供自主选择课题的机会，能够增强学生的内在动机，提高学习的投入度。

情感管理技能的培养也在教育心理学中占据重要地位。学习过程中，学生可能面临挫折、焦虑和压力等情感困扰。教育者可以借助情感管理策略，帮助学生学会适当应对情感问题，保持积极的学习状态。通过情感支持，学生可以更好地集中注意力、保持专注，并增强自信心，从而提升学习成效。

通过深入分析学习者的认知过程和情感特点，教育者可以制定更有针对性的教学策略，激发学生的学习动机，帮助他们克服认知障碍，并有效管理情感，从而提升教育的质量和学生的学习体验。

（三）个性化教育的实现

教育心理学为个性化教育的实现提供了重要支持，使教育者能够根据每个学生的需求和特点进行有针对性的教学。

1.学习者差异的关注

教育心理学对学习者的差异性进行深入研究，包括智力差异、学习风格差异、兴趣爱好差异等。这些差异在教育环境中常常显现为学生的学习进度和学习成果的多样性。教育者在实践中应关注这些差异，以实现个性化教育的目标。

智力差异是学生在认知能力上的不同表现。教育心理学的研究揭示了不同学生在逻辑推理、问题解决和记忆等认知领域的差异。在个性化教育中，教育者可以根据学生的智力特点，选择相应难度的学习任务，保证每位学生都能在适当的挑战下学习。

此外，学习风格差异也是个性化教育中需要关注的方面。一些学生更倾向于通过视觉、听觉或实践来获取信息，教育者可以根据学生的学习风格，选择适合的教学方法，提供多样化的学习体验。

2.教学计划的个性化制订

个性化教育强调根据每位学生的需求和能力制订教学计划。教育心理学通过研究学生的认知特点、学习兴趣和学习目标，帮助教育者制定更加个性化的教学方案。

在个性化教育中，教育者应根据学生的学习目标和能力水平，设定不同的学习任务和评估方式。这有助于激发学生的主动学习兴趣，让他们在学习过程中感受到个人的成长和进步。

个性化教育还强调及时反馈和调整。教育者应定期评估学生的学习进展，根据实际情况调整教学策略。通过与学生、家长和同事的密切合作，教育者可以更好地把握学生的需求，确保个性化教育计划的顺利实施。

通过关注学生的差异性、制订个性化教学计划，教育者能够更好地满足学生的学习需求，提高教育效果，促进学生的全面发展。

（四）教育干预和支持

教育心理学关注于支持不同类型的学生，包括那些可能面临学习障碍、情感问题或行为问题的学生。通过教育干预和心理支持，教育者能够更好地满足学生的特殊需求。

1. 学习障碍的识别和干预

教育心理学在学习障碍的识别和干预方面发挥着重要作用。学习障碍可能涉及注意力问题、阅读障碍、记忆困难等，这些问题会影响学生的学习效果和学习动机。通过心理评估和专业干预，教育者可以更准确地了解学生的学习障碍，并制订有针对性的干预计划。

心理评估是识别学生学习障碍的关键步骤。教育心理学家可以使用标准化的测量工具和方法，评估学生的认知能力、注意力水平、阅读和写作技能等方面的问题。基于评估结果，教育者可以了解学生的具体困难，为制订个性化的学习计划提供依据。

针对学习障碍，教育者可以采取不同的干预策略。例如，对于注意力不集中的学生，教育者可以采用时间管理和注意力训练技巧，帮助他们提高注意力控制能力。对于阅读困难的学生，教育者可以采用个性化的阅读辅助方法，帮助他们更好地理解课程内容。

2. 情感问题和行为问题的支持

教育心理学关注学生的情感健康和社交发展，帮助教育者应对可能出现的情感问题和行为问题。学生可能面临焦虑、抑郁、自卑等情感问题，也可能表现出挑战性行为、社交障碍等行为问题。这些问题会影响学生的学习参与和学习体验。

教育者可以通过提供情感支持和行为干预来帮助学生应对这些问题。心理辅导是一种常见的情感支持方式，通过与学生面对面的交流，教育者可以帮助学生倾诉情感，理清问题，掌握情绪管理技能。对于挑战性行为，教育者可以采用积极行为塑造技术，鼓励学生逐步改善行为，建立积极的学习和社交习惯。

此外，教育者还可以提供情感教育和社交技能培训。情感教育旨在帮助学生认识自己的情感，理解情感的表达和调节方式，从而提高情感智力。社交技能培训则帮助学生提升人际交往能力，改善社交关系，增强与同伴和教育者的沟通。

教育心理学在学习障碍和情感行为问题的识别与干预方面，为教育者提供了科学的支持和指导。通过个性化的干预计划，教育者可以帮助学生克服学习和情感困扰，创造更有益的学习环境。

（五）教育政策制定

教育心理学的研究成果为教育政策制定者提供了重要的依据，从而优化教育体制、课程设置和教师培训，提升整体教育质量。

1. 制定教育政策的科学依据

教育心理学的研究成果为教育政策制定者提供了科学依据，帮助政策能更精准地满足学生和教育者的需求。通过深入研究学习者的发展特点、学习需求和挑战，教育心理学提供了对教育现实的深刻洞察。

研究学生的发展特点有助于优化教育体制和课程设置。不同年龄段学生的认知、情感和社会发展差异明显，因此，教育政策制定者可以根据这些差异调整教育内容和方法，以更好地满足学生的成长需要。此外，教育心理学的研究也揭示了学习者的多样性，政策制定者可以通过个性化教育和多样化评估方式，更好地关注每个学生的学习需求。

2. 教师培训和支持

教育心理学的研究成果有助于改善教师培训和支持体系，提高教师的专业水平和教育质量。了解学生的学习需求和多样性，可以指导教师培训的内容和方法，帮助教师更好地应对复杂的学习环境。

教育心理学为教师提供了关于学习者特点和教学策略的知识。教师可以学习如何识别学生的学习风格、发展阶段和需求，以及如何调整教学内容和方法以适应这些差异。此外，教育心理学还涵盖了教育干预和支持的策略，帮助教师更好地应对学生的学习障碍和情感问题。

教育政策制定者可以根据教育心理学的研究成果，优化教师培训计划，强调教师的教育心理素养，使其能够更好地理解学生，应对不同情况。此外，政策制定者还可以通过支持教师参与专业发展，促进其不断更新教育理念和教学策略，以适应快速变化的教育环境。

教育心理学在提升教育质量中发挥着重要作用，从了解学习者的心理特点，到优化教学设计、实现个性化教育，再到教育干预和支持，以及为教育政策制定提供科学依据，都是为了确保每个学生都能够在教育环境中取得最佳的学习成果和全面发展。

第二节 心理学在学习与教学中的应用

一、学习过程的心理机制与优化策略

学习是一个复杂的心理过程，涉及记忆、注意、思维、情感等多个心理机制。心理学研究了这些机制如何影响学习过程，并提供了优化学习的策略。

（一）记忆与学习策略

记忆是学习的基础，而心理学的研究揭示了记忆的多个类型及相关的加工过程。短时记忆和长时记忆的分离、信息编码和检索等过程对学习过程产生深远影响。在教学中，教育者可以应用这些心理机制，制定有效的学习策略，以帮助学生更好地记忆和掌握知识。

1. 短时记忆和长时记忆的加工过程

短时记忆（短时存储）和长时记忆（长时存储）是记忆系统的两个主要组成部分，它们在学习过程中扮演着不同的角色。短时记忆用于暂时存储短暂的信息，如电话号码，而长时记忆则用于存储更为持久的信息，如事实、概念和经验。

在教学中，了解短时记忆和长时记忆的加工过程对于制定有效的学习策略至关重要。

针对短时记忆，教育者可以通过注意力引导来增强学生对信息的暂存能力。例如，在教学过程中，通过提问、讨论或引发好奇心等方式，教育者可以激发学生的注意力，有助于信息在短时记忆中得到暂存。然后，教育者可以通过反复强化，即多次重复暴露于相同的信息中，将信息从短时记忆转移到长时记忆。

2.分布式学习和记忆转移

分布式学习是一种学习策略，它将学习内容分散到不同的时间段进行学习，以避免过度加载短时记忆，从而促进记忆转移到长时记忆。心理学研究表明，分布式学习比集中学习更有利于信息的长期保持。这是因为在分布式学习中，学生在一段时间内多次接触相同的信息，从而帮助信息被更好地嵌入长时记忆。

教育者可以将分布式学习原理应用于课程设计中，将学习内容划分为多个小段，每段时间之间留出一些间隔，以便学生能够进行复习和巩固。这种策略有助于防止学生在短时间内过度努力学习，而是在一段时间内多次接触信息，有助于学生对信息的记忆和理解。

3.信息编码与记忆深度

信息编码是将信息从外部环境转换为可以在记忆系统中存储和检索的内部表示的过程。在教育中，利用有效的信息编码策略可以帮助学生更好地嵌入知识，从而促进记忆的深化和持久化。

教育者可以通过构建联想、使用图像化表达、制作概念地图等方式，帮助学生将学习内容与已有的知识框架联系起来，从而促进信息的深刻理解。此外，教育者还可以鼓励学生将抽象的概念转化为具体的例子，通过实际情境来加深记忆。这些编码策略可以增强信息在记忆中的联结性，有助于信息的长期存储和检索。

（二）注意与集中力

学习需要足够的注意和集中力，然而，学生常常面临注意力分散和难以集中注意力的问题。心理学研究了注意力的分配机制，包括选择性注意和分配注意，以及注意力的稳定性。在教学中，教育者可以运用这些心理机制，优化教学策略。

1.注意力分配机制与优化策略

学习需要充足的注意力和集中力，然而，学生常常面临着注意力分散和难以集中注意力的挑战。心理学研究了注意力的分配机制，包括选择性注意和分配注意，以及注意力的稳定性。在教学中，教育者可以运用这些心理机制，优化教学策略，以提升学生的学习效果。

2.吸引注意的教学方法

教育者可以利用注意的选择性属性，采用吸引注意的教学方法，以引导学生的注意力。例如，使用多媒体、图像、视频等多样的教学材料，可以吸引学生的视觉和听觉注意，从而增加学习内容的吸引力。教育者还可以构建富有情感和情节性的教学情境，激发学生的情感注意，使学习过程更加有趣和引人入胜。

3.适度难度的任务设置

教育者可以根据学生的年龄、认知水平和兴趣，设置适度难度的学习任务，以维持学生的注意状态。任务过于简单可能导致学生的兴趣不足，注意力容易分散；任务过于复杂则可能让学生感到挫败，也会影响集中注意力的能力。通过精心设计的任务，教育者可以在挑战性和可完成性之间取得平衡，使学生能够投入学习中，并保持注意的集中。

4. 注意力的规律性切换

注意力在长时间的学习过程中往往会逐渐下降，这就需要注意力的规律性切换，即将学习时间划分成较短的时间段，并在每个时间段后进行短暂的休息。这种切换可以帮助学生恢复注意力，避免注意力逐渐疲劳。教育者可以引导学生使用番茄钟等学习技巧，将学习时间分成 25 分钟的小段，每段结束后休息 5 分钟，以此来维持注意力的稳定性。

（三）情感与情绪调节

情感在学习过程中不可或缺，它可以影响学习动机、注意力分配及信息加工等方面。积极的情感有助于激发兴趣，促进信息加工和记忆。心理学的情绪调节研究为教育者提供了管理情感的策略，以提高学习效果。

1. 情感对学习的影响

在学习过程中，情感起着重要作用，它可以影响学习者的学习动机、注意力分配及信息加工等方面。积极的情感有助于激发兴趣，提升学习动力，促进信息加工和记忆。例如，对于感兴趣的课题，学习者更容易保持集中的注意力，更愿意投入精力去学习。

2. 积极学习氛围的创造

教育者在教学中可以创造积极的学习氛围，以促进积极情感的培养。鼓励和赞扬学生的努力和进步是一种重要的策略，它可以增强学生的自信心和自我效能感，从而产生更积极的情感体验。此外，教育者还可以通过设计有趣、具有挑战性的学习任务，引发学生的好奇心，激发积极的情感，使学习过程更富有乐趣和动力。

3. 情感管理技能的教授

心理学的情绪调节研究为教育者提供了管理情感的策略，以提高学习效果。情感管理技能包括情绪认知和情感调节能力。教育者可以教授学生如何识别和理解自己的情感，以及如何应对负面情感，避免情绪影响学习。例如，当学生感到焦虑或压力时，其可以通过深呼吸、放松训练等方法来调节情绪，保持较好的学习状态。

4. 挑战与情感平衡

在教学过程中，教育者可以为学生创造适度的挑战，使他们感到自己的能力得到了充分发挥。适度的挑战可以激发学生的兴趣和投入，从而促进积极情感的产生。然而，过多的挑战可能导致学生的焦虑和挫败感，从而影响学习效果。因此，教育者需要根据学生的能力和情感状态，平衡挑战与支持，使学生能够在学习中保持积极的情感体验。

二、教学方法与学生认知特点的匹配

理解学生的认知特点是优化教学的关键。心理学通过研究学生的思维、学习风格和知识结构，为教育者提供了将教学方法与学生认知特点匹配的指导。

（一）个体差异的考虑

每个学生都是独特的个体，具有不同的认知方式、学习风格和学习需求。在教学过程中，充分考虑和尊重这些个体差异，能够更好地满足学生的学习需求，提高教学效果。

1. 认知差异的影响

心理学研究揭示了学生在认知方面的差异。一方面，有的学生更倾向于通过视觉途径获取信息，他们更容易理解图表、图像等形式的表达。另一方面，一些学生则更擅长通过听觉或动手实践来学习，他们更能从实际操作中获得深刻的理解。这些认知差异直接影响学生对教学内容的理解和掌握。

在实际教学中，教育者可以根据学生的认知特点，灵活调整教学策略。例如，在教授抽象概念时，对于视觉型的学生，教育者可以使用图表、图像、动画等多媒体形式，以图像化的方式呈现概念，帮助他们更好地理解。而对于动觉型的学生，教育者可以引入实际的操作活动，让他们通过实际动手操作来体验概念，从而更深刻地理解和记忆。

2. 学习风格的分类与应用

学习风格是个体学习偏好和方式的表现。心理学家通过研究，将学习风格分为不同类型，如视觉型、听觉型、动觉型等。这些分类有助于教育者更准确地把握学生的学习特点，从而优化教学设计。

教育者可以采用学习风格问卷调查等方法，了解学生的主要学习风格，并根据结果调整教学方法。例如，对于视觉型的学生，教育者可以提供图表、图像等直观的学习资料，满足他们通过视觉途径获取信息的需求。对于听觉型的学生，教育者可以设计针对性的听觉材料和口头解释，以满足他们的学习偏好。

3. 个性化教学的实现

个体差异的考虑也是个性化教育的基础。了解学生的认知特点和学习风格，教育者可以根据每个学生的情况，制订个性化的教学计划。通过差异化的教学策略，教育者能够更好地满足学生的学习需求，提高他们的学习动机和学习效果。

教育者应当关注学生的认知差异和学习风格，灵活地调整教学方法，从而更好地满足学生的学习需求，提高教学效果。这种个性化的教学方法有助于培养学生的自主学习能力，促进他们全面发展。

（二）认知负荷的管理

认知负荷是指在学习过程中，学习者需要处理的信息量和认知任务的总和。心理学研究认知负荷理论，该理论强调认知负荷对学习效果的影响。过高的认知负荷可能导致学习者分心、记忆困难及对学习内容的理解不深。在教学中，教育者可以运用认知负荷管理策略，帮助学生更好地处理学习任务，从而提高学习效果。

1. 认知负荷理论的要点

认知负荷理论分为三种类型：内在认知负荷、外在认知负荷和混合认知负荷。内在认知负荷是指学习者处理任务时所需的认知资源，如注意力和工作记忆。外在认知负荷是指来自任务本身的难度和复杂性。混合认知负荷是内在和外在认知负荷的结合，需要学习者在处理任务时同时处理多条信息。

2.认知负荷管理策略

（1）简化学习材料

教育者可以将复杂的学习材料分解成更小的部分，以减少学习者一次性处理的信息量。这有助于学习者更深入地理解每个部分，逐步建立知识结构。

（2）提供清晰的学习指导

清晰的学习指导可以帮助学习者更好地组织信息，减少不必要的搜索和处理，从而降低认知负荷。

（3）限制学习任务的数量

过多的学习任务会增加学习者的认知负荷。教育者可以适当减少任务数量，确保学习者有足够的认知资源用于深入理解和记忆。

（4）提供反馈和提示

及时的反馈和提示可以帮助学习者更好地理解和应用知识，减少学习过程中的不确定性，从而降低认知负荷。

3.教学实例：认知负荷管理在科学概念教学中的应用

在高中科学课程中，教育者常常需要教授复杂的科学概念，如细胞分裂、量子力学等。为了帮助学生更好地理解这些抽象而复杂的概念，教育者可以采用认知负荷管理策略，通过分解概念、多样化的呈现方式及实际案例的引入，降低学习者的认知负荷，提高学习效果。

步骤一：分解概念

在教学开始之前，教育者将复杂的科学概念分解为小块，每个小块代表一个特定的部分或概念要点。例如，当教授细胞分裂时，教育者可以将其分解为“有丝分裂”和“减数分裂”两个子概念。这样的分解可以避免一次性引入过多的信息，降低学习者的认知负荷。

步骤二：多样化的呈现方式

教育者可以采用多样化的呈现方式来引导学生理解概念。通过图表、示意图、动画等可视化手段，教育者可以更清晰地展示抽象概念的结构和关系，帮助学生将信息整理成更易于理解的形式。例如，在教学细胞分裂时，教育者可以展示细胞的结构、染色体的移动过程等，以图像化的方式呈现，帮助学生形成直观的认知。

步骤三：实际案例引入

教育者可以引入与概念相关的实际案例，将抽象的概念与具体的现实问题联系起来。例如，教育者在教学量子力学的基本概念时，可以引入实际的物理实验，让学生亲身体验量子现象，从而将理论与实际情境联系起来。这种情境联系有助于学生更深刻地理解和记忆概念。

通过分解概念、多样化的呈现方式和实际案例引入，教育者可以有效地降低学习者的认知负荷，使其更容易理解复杂的科学概念。这种认知负荷管理策略有助于提高学生的学习效果，培养他们的批判性思维和问题解决能力。同时，学生在实际案例中的应用也能增强他们对科学概念的实际理解，促使他们更深入地思考和探索科学世界。

教育者可以根据学习者的认知能力和任务难度，运用不同的策略来降低认知负荷，提高学习效果。这种管理能力有助于学习者更好地理解和应用知识，促进他们的深层次学习。

（三）启发式教学

启发式教学是一种基于心理学原理的教学方法，其核心思想是通过引导学生主动构建新知识，激发他们的思维和学习动机，从而实现深层次的理解和学习。这种方法与学生的认知过程相契合，能够更好地满足学生的学习需求，培养他们的创造性思维和问题解决能力。

1. 启发式教学的原理和特点

主动性和参与性：启发式教学强调学生的主动参与和思考。教育者提供问题、情境或挑战，引导学生自主思考和探索。这种参与性能够激发学生的好奇心和求知欲，让他们在解决问题的过程中获得实际经验。

（1）基于现有知识

启发式教学建立在学生已有的知识和经验基础上。教育者通过激活学生已有的认知结构，帮助他们将新知识与旧知识联系起来，实现更深入的理解。

（2）探索与发现

教育者设计情境或问题，鼓励学生通过探索和实验来发现解决方案。这种探索性学习能够培养学生的探索精神和自主学习能力，使他们更好地理解知识。

（3）促进元认知发展

启发式教学鼓励学生反思和监控自己的学习过程，从而提高元认知能力。学生在解决问题的过程中会思考自己的思维方式和策略效果，从而形成更有效的学习方法。

2. 实施启发式教学的策略

（1）提出引导性问题

教育者可以设计引导性问题，让学生通过思考和研究来寻找答案。这种问题可以激发学生的思维，引导他们积极参与探索。

（2）设计情境或案例

创造具体的情境或案例，让学生在实际情景中应用知识。通过情境化的学习，学生能够更好地理解抽象概念，并将其应用到实际生活中。

（3）鼓励合作学习

启发式教学可以与合作学习相结合，让学生在团队中共同解决问题。合作学习可以促进学生的思维碰撞，提供不同的观点和解决方法。

3. 教学实例：启发式教学在文学作品教学中的应用

在高中语文课程中，教育者可以采用启发式教学方法，以更深入和互动的方式教授文学作品，激发学生的学习兴趣和批判性思维。以下是一个教学实例，展示了如何运用启发式教学方法来教授一篇文学作品：

步骤一：引发学生兴趣

教育者选择一部充满深意和有多样解读可能的文学作品，如《1984》（乔治·奥威尔）或《麦田里的守望者》（J.D. 塞林格）。在课堂开始时，教育者提出一个开放性问题，例如："你认为这部作品的主题是什么？"

步骤二：自主思考与讨论

学生被鼓励自主思考这个问题，并在小组内讨论他们的想法。他们可以分享自己对作品的理解和印象，以及可能的主题观点。在小组讨论中，学生可以听取其他人的观点，拓展自己的思维。

步骤三：引导分析与论证

教育者引导学生从不同的角度分析文学作品。例如，教育者可以引导学生关注作品中的重要情节、关键对话和隐喻等。通过引导问题，教育者能够帮助学生挖掘更深层次的含义和主题。

步骤四：文本支持与证据

在分析的过程中，教育者鼓励学生引用作品中的具体文本细节作为证据支持他们的观点。这有助于培养学生批判性思维和分析能力，让他们从文本中汲取真实的支持。

步骤五：讨论分享与批判性思考

学生将自己的分析结果和观点分享给整个班级。在讨论中，教育者鼓励学生就不同的观点进行辩论、质疑和反驳。这样的讨论有助于培养学生的批判性思维和表达能力。

通过这种启发式教学方法，学生不被视为被动的知识接受者，而是被赋予了思考、探索和表达的机会。他们通过自主思考和合作讨论，逐渐理解和深化对文学作品的认识。这种深入的学习方式有助于培养学生的分析能力、批判性思维及文学素养，使他们更能从作品中获得丰富的体验和启示。

心理学在学习与教学中的应用涵盖了学习过程的心理机制和优化策略，以及教学方法与学生认知特点的匹配。通过将心理学的研究成果融入教育实践，教育者可以更有效地指导学生学习，提高教育质量和学生的学习成效。

第三节　心理学在教育评估与干预中的应用

一、学生评估方法与个体差异的考虑

在教育领域，为了更好地满足学生的学习需求和提供个性化教学，教育评估变得至关重要。心理学通过研究认知、情感和学习特点，提供了多种评估方法，帮助教育者深入了解学生的个体差异，从而更有效地进行教育干预和支持。

（一）认知能力测试

认知能力测试是一种心理评估方法，用于测量学生在不同认知领域的能力水平。心理学家通过设计各种认知任务和测验，如数学问题解决、语言理解、逻辑推理等，来评估学生的认知能力。这些测试不仅能帮助教育者了解学生的学科知识水平，还可以揭示出学生在特定认知领域的强项和薄弱点。例如，一个学生可能在数学领域表现出色，但在语言理解方面较为薄弱。通过认知能力测试，教育者可以准确了解到这些差异，并根据学生的认知特点，采取相应的教学策略。对于擅长数学的学生，教育者可以提供更深入的挑战性数学问题，促使他们在优势领域取得更大的进步。而对于语言理解方面有困难的学生，教育者则可以采用更具体、图像化的方式来解释教材，以提升他们的理解能力。

1. 认知能力测试的定义与背景

认知能力测试是一种科学且系统性的评估方法，旨在衡量个体在各种认知领域中的能力水平。这些领域包括但不限于数学、语言、逻辑、记忆、空间思维等。通过设计一系列的任务和测验，测试者可以获取关于个体在不同认知领域表现的数据，从而评估其认知能力水平和特点。

认知能力测试作为一种心理评估方法，在教育、心理学和神经科学领域具有深远影响，其起源可以追溯到 20 世纪早期，随着心理测量学的发展，研究者开始尝试开发不同类型的测验来了解个体的认知过程和智力水平。随着时间的推移，认知能力测试逐渐融入教育体系，并成为评价学生学术能力和认知发展的重要工具之一。

2. 认知能力测试的重要性与目的

（1）揭示个体优势与薄弱点

认知能力测试的核心价值在于帮助识别个体在不同认知领域中的优势和薄弱点。通过收集和分析测试结果，教育者和心理学家可以获知个体在数学、语言、逻辑等领域的相对能力水平。这有助于为学生提供更有针对性的教学支持，使教育更具个性化。

（2）指导个体学习和发展

认知能力测试不仅仅是评估工具，更是教育指导的基石。通过了解个体的认知特点和能力，教育者可以为学生量身定制学习计划，使其在相对薄弱的领域得到更多练习和辅导，从而实现全面的认知发展。

（3）为教育改革提供依据

认知能力测试结果的分析和汇总能够为教育改革提供宝贵的数据支持。通过大规模的测试数据，决策者可以了解不同年龄段学生在不同领域的整体表现趋势，从而指导教育课程的优化和更新。

3. 认知能力测试的设计与内容

（1）测试任务和内容多样性

认知能力测试的设计需要充分考虑不同领域的测试任务和内容，以确保测试的全面性和有效性。例如，在数学领域，测试可以包括基础的算术题目，更复杂的代数和几何问题，甚至是数学推理题目，以反映学生的数学思维能力。

（2）难度和区分度的平衡

测试设计中需要关注难度和区分度的平衡。任务过于简单会导致无法区分个体能力的差异，而过于复杂则可能使大多数人难以完成。设计者需要根据目标人群的年龄、教育水平等因素，调整任务难度，以确保测试结果具有可比较性。

（3）综合评估个体认知能力

为了全面评估个体的认知能力，测试应该涵盖多个领域，并且包含多种类型的任务。除了数学、语言和逻辑，还可以包括空间思维、创造力、问题解决能力等方面的测试，以反映出个体多维的认知特点。

（二）情绪测量

情绪和心理状态对学习有着重要影响。心理学家通过情绪测量方法，如情绪问卷和情绪日记，来了解学生的情绪状态。这有助于教育者更好地理解学生的情感体验，从而为他们提供更有针对性的支持和干预。例如，一位学生可能在学习某个科目时感到焦虑，影响了他的学习效果。通过情绪测量，教育者可以及早察觉到学生的情感问题，并采取相应的情感管理策略。教育者可以与学生沟通，了解他们的焦虑来源，帮助他们应对压力，同时提供情感支持，以创造积极的学习氛围。

1. 情绪测量方法概述

情绪是人类心理活动的重要组成部分，对个体的认知、行为和生理反应都会产生深远影响。在学习过程中，情绪状态可以影响学生的注意力、记忆、问题解决能力等关键方面，从而直接影响学习成果和学习体验。

情绪测量是一种科学方法，用于评估个体在特定时刻的情绪状态。通过采用各种测量工具和技术，如情绪问卷、情绪日记、生理指标等，心理学家能够获取关于个体情绪体验的数据，为研究和干预提供依据。

2. 情绪测量方法

（1）情绪问卷

情绪问卷是一种常用的情绪测量工具，要求被试在特定情境下描述自己的情绪状态。常见的情绪问卷包括“情绪自评量表”“情绪体验量表”等，被试需要从诸如高兴、悲伤、焦虑等情绪词汇中选择适合自己情感状态的选项。

（2）情绪日记

情绪日记要求被试在一段时间内记录自己的情绪体验。被试可以在特定时间点或在特定事件后描述自己的情绪感受、情感变化及可能的触发因素。情绪日记能够提供更加详细和动态的情绪信息。

（3）生理指标测量

情绪状态还可以通过生理指标来反映，如心率、皮肤电导度、脑电波等。这些生理指标可以在情绪变化时发生相应的变化，从而提供客观的情绪测量数据。然而，生理指标的测量需要专业设备和技术支持。

3. 情绪测量在教育中的应用

（1）情绪识别与干预

通过情绪测量，教育者可以及早了解学生在学习过程中的情绪状态，包括焦虑、压力、兴奋等。一旦发现学生负面情绪较为突出，教育者可以采取针对性的干预措施，例如情感管理训练、放松技巧等，帮助学生有效管理情绪。

（2）个性化教学

了解学生的情绪状态有助于教育者更好地进行个性化教学。不同情绪状态下，个体的学习效果和需求也会有所不同。情绪测量可以帮助教育者调整教学策略，以更好地满足学生的学习需求。

（3）创造积极的学习环境

情绪测量可以帮助教育机构创造积极的学习环境。通过了解学生的情绪状态，学校可以针对性地开展心理健康活动、提供心理辅导等，促进学生的情感健康和积极情绪。

通过准确了解学生的情绪状态，教育者可以更有针对性地制定教学策略，创造更积极的学习环境，提升学生的学习效果和心理健康。然而，在使用情绪测量方法时，教育者需要充分考虑其局限性，并结合多种方法和技术，以获得更全面和准确的情绪信息。随着科技的进步，情绪测量方法也将不断演进，为教育研究和实践带来更多可能性。

（三）学习风格问卷

学习风格问卷用于评估学生获取和处理信息的偏好方式。不同学生可能更适应于不同的学习途径，如视觉、听觉、动觉等。心理学家通过设计学习风格问卷，帮助学生和教育者更好地了解学生的学习偏好，从而优化教学方法。例如，一名学生可能是一个视觉型学习者，其更喜欢通过图表、图像来获取信息。而另一位学生可能更倾向于听觉学习，其更容易从听讲解中获得知识。通过学习风格问卷，教育者可以根据学生的学习偏好，采用适合他们的教学方式，提升学习效果。

1.学习风格问卷的定义与背景

学习风格是个体在获取和处理信息时的偏好方式，涵盖了感知、处理、组织和应用信息的方式。不同的学习风格反映了个体的认知差异，影响了学生在学习过程中的表现和体验。

学习风格问卷是一种系统性的评估工具，用于了解个体在学习过程中偏好的感知方式和信息获取方式。通过一系列问题，问卷可以揭示学生对于视觉、听觉、动觉等感知通道的偏好，从而帮助学生和教育者更好地适应个体差异，优化教学方法。

2.学习风格的分类与测量

（1）学习风格的分类

学习风格可以根据不同的维度进行分类。常见的分类维度包括感知通道（视觉、听觉、动觉）、信息处理方式（细节导向、整体导向）、学习策略（主动学习、反思性学习）等。通过了解这些不同维度的学习风格，我们可以更全面地了解个体的学习特点。

（2）学习风格问卷的测量方法

学习风格问卷通常采用自我报告的方式，要求被试回答一系列与学习偏好相关的问题。这些问题可以涵盖个体对于教材呈现方式、学习环境、学习活动等方面的偏好。问卷的设计需要充分考虑问题的准确性和有效性，以确保获得可靠的学习风格评估结果。

3.学习风格问卷在教育中的应用

（1）个性化教学

学习风格问卷为教育者提供了了解学生的学习偏好的机会。通过分析学习风格问卷的结果，教育者可以为每位学生量身定制教学方法，以更好地满足他们的学习需求。

（2）教学策略优化

了解学生的学习风格有助于教育者调整教学策略，以更好地增强学生的学习效果。例如，对于偏好视觉学习的学生，教育者可以通过图表、图像等方式来呈现教材，提升他们的学习兴趣和理解能力。

（3）学习动机提升

了解学生的学习风格还可以帮助教育者更好地激发学生的学习动机。当学生在适合其学习风格的教学环境中获得积极体验时，他们更可能保持学习兴趣，提高学习动力。

通过了解学生的学习风格，教育者可以更好地制定个性化的教学策略，提升学生的学习效果和学习体验。然而，学习风格问卷也存在一些局限性，需要在使用时充分考虑。未来，随着教育技术的发展，学习风格评估可能会结合更多客观性的测量方法，从而更全面地了解个体的学习特点。

二、针对学习障碍、情绪问题的心理干预策略

教育中，一些学生可能面临学习障碍或情绪问题，这可能影响他们的学习效果和心理

健康。心理学提供了针对这些问题的干预策略，以帮助学生克服困难，达到更好的学习和心理状态。

（一）学习障碍的干预

学习障碍如注意力不集中、阅读困难等可能阻碍学生的学习进展。心理学干预方法包括认知训练、注意力训练等，以帮助学生提升认知能力和学习技巧。例如，教育者可以利用注意力训练游戏帮助注意力不集中的学生提升注意力水平，从而使其更好地参与课堂学习。

1. 学习障碍的背景与重要性

学习障碍是指个体在获取、加工和表达信息方面存在困难，可能导致学习进程受阻。这些障碍可能表现为注意力不集中、阅读困难、计算困难等，严重影响学生的学习体验和学术成绩。及早干预学习障碍有助于减轻学生的困扰，提高学习效果。

（1）学习障碍的定义与分类

学习障碍是一种神经发展性障碍，影响个体在获取、组织和应用信息时的能力。常见的学习障碍包括注意缺陷 / 多动障碍（ADHD）、阅读障碍（如失读症）、计算障碍（如数学障碍）等。这些障碍可能导致学生在特定学科领域遇到困难，影响他们的学业成就和自信心。

（2）学习障碍对个体的影响

学习障碍不仅对学术成绩产生负面影响，还可能对个体的情感状态、社交交往及自尊心带来不利影响。学生可能因为在学校中遇到持续的挫折而感到沮丧、焦虑，甚至产生自卑情结。因此，及早识别和干预学习障碍至关重要，它可以帮助学生克服困难，重建学习动力。

2. 学习障碍干预的认知训练

认知训练是一种常用的学习障碍干预方法，旨在提升学生的认知能力和学习技巧。针对注意力不集中的学生，教育者可以通过认知训练游戏练习提高学生注意力的持续时间和稳定性。这种干预有助于解决学生的注意力问题，提升他们在课堂学习中的参与度和专注力。

（1）认知训练的目标与原理

认知训练是一种针对学习障碍的干预方法，通过改变个体的认知过程和学习策略，帮助他们提升认知能力和学习技巧。例如，针对注意力不集中的学生，认知训练旨在增强他们的注意力控制能力，提高对学习任务的注意力稳定性。

（2）认知训练的实施方法

认知训练可以采用多种形式，如认知游戏、练习和任务。注意力不集中的学生可以通过一系列注意力训练游戏，如寻找差异、数字记忆等，来锻炼和提升他们的注意力水平。这些训练不仅有助于解决注意力问题，还可以增强学生的自我监控和自我调节能力。

（3）认知训练的效果评估与持续性

干预效果的评估是认知训练的重要一环。教育者和心理专家可以通过定期测量学生的注意力表现、学习成绩等来评估干预效果。此外，认知训练需要具有持续性，学生应该在学习过程中持续参与训练，以保持长期的效果。

3. 学习策略的培养

学习障碍学生常常缺乏有效的学习策略，这导致他们在学习过程中遇到更多困难。教育者可以针对不同类型的学习障碍，提供相应的学习策略培训。例如，对于阅读困难的学生，教育者可以教授他们阅读理解技巧、摘要写作方法等，以提升他们的学习效率。

（1）学习策略的意义与目标

学习策略是指个体在学习过程中采取的方法和技巧，用以提高信息获取、整理和应用的效率。学习障碍学生常常因缺乏有效的学习策略而陷入困境。因此，培养适合个体的学习策略是帮助他们克服困难的关键。

（2）针对不同障碍的学习策略培训

针对不同类型的学习障碍，教育者可以提供相应的学习策略培训。对于阅读困难的学生，教育者可以教授他们使用阅读辅助工具、制订阅读计划、运用摘要等方法来提升阅读理解效果。对于计算障碍的学生，教育者可以教授他们使用计算器、制定数学解题步骤等策略来应对数学任务。

（3）学习策略的实践和迁移

学习策略的培养需要结合实际学习情境，让学生在实际任务中应用所学的策略。此外，学习策略的迁移能力也十分重要，学生应该能够将在特定领域获得的学习策略运用到其他学科中，从而提升整体的学习效率。

（二）情绪问题的干预

情绪问题如焦虑、抑郁可能影响学生的情感状态和学习动机。心理学干预方法包括情绪管理技能的培养、心理辅导等，以帮助学生更好地应对情绪问题。例如，教育者可以引导学生学习情绪识别和调节技巧，帮助他们更好地管理情绪，保持积极的学习状态。

1. 情绪问题的背景与影响

情绪问题如焦虑、抑郁等不仅影响学生的情感状态，还可能影响他们的学习动机和学习成果。情绪问题可能导致学生注意力分散、自信心下降，进而影响他们的学习参与和表现。

（1）情绪问题的定义与范围

情绪问题是个体情感体验的异常表现，包括但不限于焦虑、抑郁、愤怒等负面情绪。这些问题可能影响学生的情感状态、社交互动、学习参与及身体健康。情绪问题在学生群体中普遍存在，且可能对学习和发展产生深远影响。

（2）情绪问题对学习的影响

情绪问题不仅影响学生的情感状态，还可能对学习产生显著影响。焦虑可能导致学生对考试或表现类任务产生过度担忧，影响他们的注意力和记忆力。抑郁可能使学生失去兴趣，缺乏动力去参与学习活动。这些情绪问题可能削弱学生的学习效果并影响其学术成绩。

2.情绪管理技能的培养

情绪管理技能的培养是帮助学生有效应对情绪问题的重要方法。教育者可以引导学生学习情绪识别和调节技巧，教授他们如何通过放松训练、呼吸练习等方法来减轻焦虑和抑郁情绪。这些技能可以帮助学生更好地管理负面情绪，保持积极的学习状态。

（1）情绪管理技能的重要性与目标

情绪管理技能是帮助学生理解、调节和表达情绪的重要工具。这些技能有助于学生更好地应对负面情绪，保持情感平衡，提高情绪适应能力。目标是促使学生在面对挫折、压力等情况时能够保持冷静，从而更好地投入学习。

（2）情绪识别与调节技巧的培训

教育者可以引导学生学习情绪识别技巧，即能够准确地辨识自己的情绪。情绪日记、情感量表等工具可以帮助学生更好地了解自己的情绪变化。此外，情绪调节技巧的培训也至关重要，如通过深呼吸、放松训练、积极思维重构等方式来管理负面情绪。

（3）实践与应用

培养情绪管理技能需要学生在实际生活中应用。教育者可以通过角色扮演、情景模拟等方式让学生实践情绪管理技能。同时，教育者应鼓励学生在日常学习和社交中运用这些技能，以提升情绪适应能力。

3.心理辅导的应用

对于情绪问题较为严重的学生，心理辅导是一种有效的干预方法。专业心理辅导师可以给学生进行个体或小组心理辅导，帮助他们深入了解情绪问题的根源，并提供有效的情绪调节策略。心理辅导可以为学生提供一个安全的空间，让他们能够表达情感、接受支持，并逐步克服情绪问题的困扰。

（1）心理辅导的目标与方法

心理辅导旨在为学生提供情绪问题的专业支持和指导。个体或小组心理辅导可以帮助学生深入了解情绪问题的根源，探讨其背后的触发因素，并学习有效的应对策略。心理辅导的方法包括认知行为疗法、解决问题疗法等。

（2）个体化干预计划的制订

针对每位学生的情绪问题，心理辅导师可以制订个体化的干预计划。这需要对学生进行全面的心理评估，以了解他们的情绪问题的类型、严重程度和影响因素，基于评估结果，制定具体的心理辅导方案，以建成最佳干预效果。

（3）家庭与学校的合作

情绪问题的干预需要家庭和学校的紧密合作。家长在家庭环境中可以支持学生练习情绪管理技能，提供情感支持。学校教育者和心理辅导师可以与家长交流，共同制定帮助学生应对情绪问题的方法，以建成全面的支持体系。

第四章 认知发展与教育研究

第一节 认知发展理论和模型

一、皮亚杰的认知发展阶段理论

（一）理论背景与基本原理

瑞士心理学家皮亚杰提出的认知发展阶段理论是发展心理学领域的重要理论之一。该理论强调儿童在认知能力方面会经历一系列不同的阶段，每个阶段都具有独特的特征和思维方式。皮亚杰的理论主张，儿童的认知发展受到内部构建和外部经验的双重影响，从而形成了一种动态平衡的状态。

1. 简介与贡献

认知发展阶段理论是由瑞士心理学家皮亚杰于 20 世纪初提出的。皮亚杰是儿童心理学和认知发展领域的杰出学者，他长期观察和研究儿童的思维和行为，提出了这一理论。该理论强调儿童在认知领域的发展不是线性的，而是要经历一系列离散的阶段。

2. 基本原理

皮亚杰的认知发展阶段理论的基本原理之一是儿童的思维是通过积极地构建和适应过程发展起来的。他将认知发展看作是一种平衡的过程，包括适应和调整认知结构，以适应外部世界的变化。此外，皮亚杰认为儿童的思维在不同阶段有不同的特点，儿童在每个阶段都有特定的认知能力和思维方式。

（二）阶段划分与特征

皮亚杰将儿童的认知发展划分为四个主要阶段：感觉运动阶段、前运算阶段、具体运算阶段和形式运算阶段。每个阶段代表着一种不同的认知结构和思维能力。例如，感觉运动阶段（2 岁以前）是婴幼儿时期，儿童主要通过感觉和运动来认知世界，而具体运算阶段（7～11 岁），儿童开始具备逻辑思维和操作符号的能力。

1. 感觉运动阶段

感觉运动阶段是婴幼儿时期的认知发展阶段，大约持续到 2 岁。在这个阶段，婴幼儿主要通过感觉和运动来探索世界，逐步建立起行动和感觉的联系。他们开始发展目标导向的行为，如抓握、吮吸等，也逐渐形成对象的持久性概念，即物体离开视线后仍然存在。

2. 前运算阶段

前运算阶段约持续到 7 岁，是儿童开始具备符号性思维的阶段。在这个阶段，儿童能够使用符号来表示对象和事件，但他们的思维仍然受限于具体的、感知的特征。例如，他们可能理解简单的数学概念，但对于抽象的概念和逻辑推理能力还较为欠缺。

3. 具体运算阶段

具体运算阶段大约持续到 11 岁，儿童在这个阶段开始具备逻辑思维能力和具体运算能力。他们能够进行逻辑推理，解决较为复杂的问题，同时也能够理解数学运算和空间关系。然而，他们的思维仍然是基于具体情境和实际操作的，抽象思维能力尚不发达。

4. 形式运算阶段

形式运算阶段大约从 11 岁开始，是思维从具体向抽象转变的阶段。在这个阶段，儿童能够进行抽象的逻辑推理，处理抽象的概念和符号，例如代数和形式逻辑。这种思维方式在更高阶段的学习和问题解决中能发挥重要作用。

（三）对教育的启示

皮亚杰的理论为教育实践提供了启示。教育者可以根据儿童所处的认知发展阶段，设计适宜的教学活动和学习材料。此外，理解皮亚杰的理论有助于教育者更好地理解学生的思维方式，提供有针对性的指导和支持。

1. 重视个体差异

（1）针对不同阶段的教学

皮亚杰的认知发展阶段理论强调儿童在不同阶段具有不同的认知特点。教育者应该认识到不同年龄段的学生在思维方式、问题解决能力等方面存在差异。基于这种认识，教育者可以针对不同阶段的学生设计相应的教学活动和教材，以更好地促进他们的认知发展。

（2）个体化的教学策略

每个学生的认知发展都是独特的，受到个体差异和环境因素的影响。教育者应采用个体化的教学策略，充分考虑学生的认知水平、兴趣、学习风格等因素。这有助于提供更具针对性和有效性的教学，满足学生的不同需求。

2. 促进自主学习与探索

（1）培养探索精神

皮亚杰的理论强调儿童通过积极地构建和适应过程发展认知。教育者可以通过鼓励学生进行探索性学习，培养他们的好奇心和问题解决能力。创设丰富的学习环境和情境，让学生主动参与，从而促进他们积极地构建知识结构。

（2）引导问题驱动的学习

教育者可以引导学生以问题为导向进行学习。提出开放性问题和挑战性任务，激发学生的思考和独立思维。这种问题驱动的学习可以帮助学生在实际情境中运用知识，培养他们的批判性思维和创新能力。

3. 培养合作与社交技能

（1）社会交往的重要性

皮亚杰认为社会交往对儿童的认知发展具有重要影响。教育者应重视学生与同伴之间的互动和合作，创设合作学习的机会。通过协作解决问题、讨论和分享观点，学生能够从彼此的经验中学习，培养社交技能。

（2）合作学习的设计

教育者可以设计各种合作学习活动，如小组讨论、项目合作等。在合作学习中，学生需要协调彼此的观点、分工合作、共同解决问题。这不仅有助于促进学生的认知发展，还能培养其团队合作和沟通能力。

4. 提供支持与引导

（1）理解学生的思维方式

理解皮亚杰的理论可以帮助教育者更好地理解学生的思维方式和认知特点。通过观察学生在不同阶段的表现，教育者可以更准确地判断他们的认知发展水平，从而提供有针对性的支持和指导。

（2）鼓励自主思考和解决问题

教育者应该鼓励学生自主思考和解决问题，而不仅仅是传授知识。提出开放性问题，让学生思考并提出自己的解决方案，这有助于培养学生的批判性思维和创新能力。

皮亚杰的认知发展阶段理论不仅为教育实践提供了重要的指导，同时也为我们深入理解儿童的思维发展过程提供了有力的理论基础。通过充分应用这一理论，教育者可以更好地满足学生的认知需求，培养他们的自主学习能力、合作能力及创新思维，从而推动教育的持续改进与创新。

二、文化与社会因素对认知发展的影响

（一）文化的影响

文化是一个重要的影响因素，可以塑造个体的认知发展。不同文化背景下，儿童可能接受不同的价值观、信仰体系和社会规范，从而影响他们的思维方式和问题解决策略。文化因素还可能影响儿童的信息获取途径和所处的认知环境，进而影响其认知发展轨迹。

1. 文化的多样性

不同文化背景下的儿童受到不同的价值观、信仰和社会规范的影响，从而形成了不同的认知模式和思维方式。不同文化对于知识的传承、信息获取途径、问题解决方法等都有差异，这会影响儿童的认知发展轨迹。

（1）文化对认知发展的影响

文化是一个综合的概念，包括价值观、信仰体系、社会规范等，这些因素共同塑造了

个体的认知模式和思维方式。例如，一些文化强调集体主义和社会联系，而另一些文化更注重个体独立和自主。这些不同的文化价值观会影响儿童在问题解决、合作与竞争、自我概念等方面的认知发展。

不同文化对于知识的传承和获取也会产生影响。在某些文化中，口头传诵和故事是主要的知识传递方式，而在其他文化中，书面教育和正式学习更受重视。这会影响儿童获取知识的途径和学习方式。

（2）文化与学习策略

由于文化价值观的差异，儿童可能在学习过程中采用不同的方法。例如，一些文化强调自主学习和探索，而其他文化可能更倾向于依赖教师的指导和权威。这些不同的学习策略可能影响儿童的学习动机、学习效果和学习态度。

2. 文化与认知风格

文化与认知之间存在相互影响的关系。一些研究发现，东亚文化更注重整体性思维，而西方文化更倾向于分析性思维。这些不同的认知风格可能影响儿童在问题解决、推理和记忆等方面的表现。

（1）整体性思维与分析性思维

研究发现，不同文化背景下的儿童可能表现出不同的认知风格。东亚文化（如中国、日本）倾向于整体性思维，强调上下文的关系、综合性的观点。而西方文化（如美国、欧洲国家）则更注重分析性思维，强调分离元素、逻辑推理。这些差异可能在儿童的问题解决、推理、记忆等认知任务中产生影响。

（2）文化对认知发展的动态影响

文化对儿童的认知发展的影响不仅仅是静态的，还具有动态的特征。随着社会的变迁和文化的交流，儿童可能接受多元文化的影响。跨文化经验可能会丰富儿童的认知视野，使他们能够灵活地运用不同的思维模式和策略。

（二）社会交往与认知发展

社会交往对儿童的认知发展具有重要影响。社会交往可以促使儿童学习他人的经验和知识，从而扩展其认知领域。例如，与同伴合作解决问题可以培养儿童的合作能力和逻辑思维。同时，社会交往也有助于儿童发展元认知能力，即对自己的思维过程和学习策略进行反思和调节的能力。

1. 社会交往的重要性

社会交往在儿童的认知发展中扮演着重要角色。与同伴的互动和合作有助于培养儿童的社会认知和情绪管理能力。通过交流和合作，儿童可以获取他人的经验和知识，从而促进自身的认知发展。

（1）同伴互动与社会认知能力

社会交往在儿童的认知发展中具有重要作用。与同伴的互动和合作能够促进儿童的社会认知能力的培养。在与同伴交往的过程中，儿童学会解读他人的情感、意图和态度，从而培养出对他人的理解和共情能力。这种社会认知能力是儿童在解决社会问题、处理人际关系时至关重要的基础。

（2）合作与情绪管理

社会交往还有助于儿童的情绪管理能力的培养。在合作和互动中，儿童需要理解和协调他人的情感，同时控制和表达自己的情感。这种情绪管理的能力不仅对于维护积极的社会关系有益，还能够促进儿童的自我调节和情感表达能力。

（3）知识获取与社会交流

社会交往为儿童提供了获取他人知识和经验的机会。通过与同伴和成年人的交流，儿童可以从他人那里获得新的信息、见解和观点。这种知识获取不仅丰富了儿童的认知内容，还有助于他们对世界的理解和认知发展。

2. 文化工具的使用

文化工具如语言、符号、图像等在认知发展中发挥重要作用。这些工具不仅是沟通的媒介，还能够影响儿童的思维方式和问题解决能力。不同文化中使用的工具和符号系统会影响儿童的信息加工和思维过程。

（1）语言作为文化工具

语言是一种重要的文化工具，对于儿童的认知发展具有深远影响。通过语言的运用，儿童可以表达自己的想法、分享知识，同时也可以从他人那里获取信息和指导。不同语言中的词汇、语法结构和表达方式会影响儿童的思维方式和沟通效果。例如，一些语言可能更强调时间的概念，而另一些语言可能更注重空间的描述，这会影响儿童的时间和空间观念的形成。

（2）符号和图像的作用

除了语言，符号和图像也是重要的文化工具。儿童在日常生活中会接触到各种符号和图像，如图画、图表、地图等。这些符号和图像可以帮助儿童更好地理解和表达信息，促进他们的空间思维和抽象思维能力发展。例如，学习阅读地图可以培养儿童的空间定向能力，而图画书则可以激发他们的想象力和创造力。

（三）文化和社会因素的互动作用

文化和社会因素与个体认知发展之间存在复杂的互动作用关系。文化背景可能影响社会交往的方式和内容，进而影响个体的认知发展。同时，个体的认知发展也会反过来影响其对文化和社会环境的理解和适应。

1. 文化塑造认知

文化与认知之间存在着双向影响的互动作用。一方面，文化塑造了儿童的认知方式和思维模式。不同文化中的经验、价值观和传统知识会影响儿童如何看待世界、理解问题及解决困难。另一方面，个体的认知也会影响他们对文化的理解和适应。

（1）文化对认知方式的影响

文化是一个人群所共有的价值观、信仰、习惯和传统的总和。不同文化背景下的儿童在成长过程中受到特定文化的影响，从而形成了独特的认知方式和思维模式。

a. 知识体系的构建

文化对知识体系的构建和内容有深远影响。儿童在特定文化中学习的知识内容和范围受到文化传承的制约。例如，在某些文化中，宗教和传统价值观可能占据重要地位，儿童可能会更多地学习与这些内容相关的知识。

b. 问题解决方式

不同文化对问题的看法和解决方式存在差异。文化背景会影响儿童如何分析问题、寻找解决方法及作出决策。例如，一些文化可能更注重集体合作，而另一些文化可能更强调个体的独立思考和行动。

c. 思维模式

文化也塑造了儿童的思维方式。一些文化强调整体性思维，关注事物之间的联系和整体的结构，而另一些文化则更倾向于分析性思维，注重事物的细节和分解。

（2）认知对文化的塑造

同时，个体的认知也会影响他们对文化的理解和适应。儿童通过自己的认知活动来解释和理解文化中的各种信息和经验。

a. 认知过程的选择和加工

儿童根据自身的认知能力和偏好选择性地加工文化信息。他们可能更关注与自己认知结构相符的内容，而忽略与之不符的内容。这可能导致个体对文化信息的理解和解释存在差异。

b. 认知与文化的互动

儿童的认知活动会与文化相互作用，从而影响他们对文化的态度和适应。个体可能根据自己的认知特点，选择性地吸纳、接受或拒绝文化中的信息。

c. 认知的发展和变化

随着认知的发展，儿童可能对文化信息有新的理解和解释。他们的认知能力的提升可能使他们更能够理解文化中的抽象概念和复杂信息。

2. 文化的变化与认知发展

随着文化的变迁，儿童的认知发展也可能发生变化。现代科技和全球化的影响，使得儿童接触到不同文化的信息和观点。这可能导致他们需要适应不同的认知风格和思维方式，以更好地理解和融入多元文化环境。

（1）文化的多样性与变迁

a. 全球化与科技的影响

当今社会的全球化和科技进步加速了文化之间的交流和融合。儿童通过互联网、社交媒体等途径接触到了不同国家和地区的文化信息，这为他们带来了更广泛的认知体验。

b. 跨文化交流

由于旅游、移民和国际交流的增加，儿童可能在日常生活中与不同文化的人接触。这种跨文化交往可能促使他们了解和欣赏其他文化的价值观和观点，从而影响其认知发展。

（2）文化变迁对认知发展的影响

a. 多元思维方式

随着接触不同文化的经验增加，儿童可能会逐渐培养出多元的思维方式。他们能够更灵活地从不同角度看待问题，适应不同文化的认知风格。

b. 文化适应能力

儿童需要在不同文化背景中进行适应，这需要他们掌握跨文化交际的技能。这种适应能力会促使他们发展出更强的观察力、理解力和沟通能力，有助于其认知的综合发展。

c. 认知弹性

面对多元文化的影响，儿童的认知弹性可能会增强。他们更容易接受新的思维方式、解决问题的方法，从而在认知发展中呈现更开放和包容的特点。

第二节　认知发展与学习过程的关系

一、认知发展与信息加工、记忆、解决问题能力的关联

（一）认知发展与信息加工能力

认知发展与信息加工能力之间存在密切关系。随着儿童的认知能力逐步发展，他们在获取、处理和存储信息方面的能力也在不断提升。儿童在不同的认知阶段表现出不同的信息加工特点。例如，皮亚杰的认知发展阶段理论指出，儿童在感觉运动阶段主要通过感觉和运动来获取信息，而在具体运算阶段他们已经具备逻辑推理和操作符号的能力，从而能够更有效地加工信息。

1. 认知发展与信息加工能力的逐步优化

认知发展与信息加工能力的逐步优化是一个深刻而复杂的过程，它贯穿了儿童从婴幼儿期到青少年期的整个成长历程。在这个过程中，儿童不仅在认知能力方面发生了显著变化，还在信息加工能力的表现上经历了多个阶段的演变。

（1）感觉运动阶段的信息加工

在皮亚杰的认知发展阶段理论中，感觉运动阶段是儿童的最早阶段，通常出现在出生到两岁之间。在这个阶段，婴幼儿主要通过感官和运动活动来获取信息。他们对周围环境做出反应，通过观察、摸索、吮吸等方式来感知和探索。这种感知和运动的活动是儿童认知发展的基础，有助于他们建立感知和运动的模式，为后续认知发展和信息加工能力的提升奠定基础。

（2）前运算阶段的信息加工

前运算阶段是指儿童从开始学习一种语言到 7 岁，在这个阶段儿童能将各种感知信息

以心理符号的形式储存下来，积累了表象素材，促进了表象性思维的发展。

（3）具体运算阶段的信息加工

随着儿童逐渐进入学龄期，他们进入了皮亚杰所说的具体运算阶段，7 岁到 11 岁。在这个阶段，儿童开始具备逻辑推理和操作符号的能力，能够更有效地进行信息加工。他们可以运用具体的概念和操作，解决一些具体的数学、逻辑和实际问题。例如，在学习数学计算时，儿童可以进行简单的加减乘除运算，通过实际的操作来理解抽象的数学概念。

（4）形式运算阶段的信息加工

当儿童逐渐进入青少年期，他们开始进入形式运算阶段，11 岁到 15 岁。在这个阶段，儿童逐渐具备了更高级的信息加工能力，能够进行抽象思维和假设推测。他们能够运用符号和抽象概念来解决复杂的问题，进行逻辑推理和假设测试。例如，在学习代数时，他们可以运用代数符号来表示未知数，进行复杂的代数运算和方程求解。

2. 认知发展与信息加工策略的演变

随着认知能力的不断发展，儿童的信息加工策略也在逐步演变。早期阶段，儿童可能更多地依赖于直接的感知和运动，他们通过观察、尝试和操作来获取信息。随着认知的进一步发展，儿童逐渐开始运用更高级的信息加工策略。例如，在具体运算阶段，他们可能开始运用分类、比较和排序等策略来处理信息，更有针对性地解决问题。随着认知的深化，他们在形式运算阶段可能开始使用符号来表示概念，进行更抽象的推理和分析。这种演变体现了儿童逐渐从直接经验和感知为基础，转向更加灵活和高效的信息加工方式。

（1）早期阶段的感知与运动策略

在儿童的早期发展阶段，他们对周围世界的认知主要依赖于感知和运动。他们会通过亲身体验、观察和操作来获取信息。例如，婴幼儿通过触摸、品尝、抓握等方式来探索周围的物体，这些感官和运动活动帮助他们建立起对事物的初步认知。在这个阶段，儿童的信息加工主要基于直接的感觉和动作，还没有涉及复杂的思维活动。

（2）前运算阶段的策略演变

随着儿童进入前运算阶段，他们开始具备符号功能，符号指用一个事物代表另一个事物的能力。这个阶段儿童还没有形成正确的概念，他们的判断受知觉思维支配，例如，同样 200 毫升的水，分别倒入两个容量一样、粗细不同的瓶子里，他们会认为细瓶子里的水多。

（3）具体运算阶段的策略演变

随着儿童进入具体运算阶段，他们开始运用更加系统性和有针对性的信息加工策略。在这个阶段，儿童逐渐拥有了逻辑推理和分类等基本思维能力。他们能够将事物按照共同特征进行分类，进行简单的比较和排序。这些策略有助于他们更好地理解和处理信息，例如，在解决数学问题时，儿童可以将问题拆分为不同的步骤，逐步求解。

（4）形式运算阶段的抽象策略运用

随着认知的深化，儿童逐渐进入形式运算阶段，他们开始运用更为抽象的信息加工策略。在这个阶段，他们能够使用符号来代表概念和关系，进行更复杂的推理和分析。例如，在学习代数时，儿童可以运用字母符号表示未知数，从而建立起代数方程式并解决问题。这种抽象策略的运用需要更高层次的认知能力，帮助他们应对更复杂的学习和问题情境。

（二）认知发展与记忆能力

认知发展对记忆能力的影响是显而易见的。儿童的认知发展不仅涉及知识的获取，还包括知识的存储和检索。随着认知能力的提升，儿童的记忆能力也在逐步增强。他们能够更好地组织和编码信息，形成更有条理的记忆结构。此外，认知发展还影响了儿童的元认知能力，即对自己的记忆过程和策略的认知。这种元认知能力的提升有助于儿童更有效地利用记忆策略，提高记忆效率。

1. 认知发展对记忆的挑战和改善

认知发展阶段的不同特征会对儿童的记忆能力产生不同的影响。在早期阶段，儿童的记忆可能更偏向感性和情境性，随着认知能力的增强，他们逐渐能够通过编码和整理信息来提升记忆效果。此外，认知发展也促使儿童逐渐具备元认知能力，其可以更有效地监控和调控记忆过程，选择合适的记忆策略，从而提高记忆效率。

（1）早期阶段的感性和情境性记忆

在儿童的认知发展早期，他们的记忆可能更偏向感性和情境性。由于感知和运动经验在这个阶段占据主导地位，儿童对于事物的记忆往往与感觉体验和情景联系紧密。这也解释了为什么儿童在这个阶段更容易记住色彩鲜艳、引人注意的事物，以及与情感体验相关的内容。然而，这种感性和情境性记忆可能在面对抽象和非情境信息时受到挑战。

（2）认知发展对记忆策略的影响

随着认知能力的逐步发展，儿童开始运用更为高级的记忆策略，以提升记忆效果。例如，在具体运算阶段，他们可能开始使用重复学习和分组编码等策略，有意识地将信息整理、归类，从而更好地储存和检索。在形式运算阶段，他们可能开始运用意义编码、联想和构建记忆网络等策略，以加深对信息的理解和记忆。

（3）元认知能力的培养

元认知是指对自己的认知过程的认知，包括对记忆过程的监控和调控。随着认知发展，儿童逐渐具备了元认知能力，能够更有效地管理自己的记忆过程。他们可以自我评估记忆效果，判断何时需要使用特定的记忆策略，并在需要时进行调整。这种元认知能力的发展，使得儿童能够更有针对性地应对记忆任务，提高记忆的效率和质量。

2. 认知发展与记忆策略的发展

随着认知发展，儿童的记忆策略逐步发展和优化。年龄越大的儿童更有可能运用更复杂的记忆策略，如联想、分级和构建。这些策略的应用有助于将信息整合成更有意义和有组织的形式，从而更容易被记忆。同时，认知发展还增强了儿童的元认知知识，使他们能够更自主地选择适当的记忆策略。

（1）年龄与记忆策略的变化

儿童在不同的年龄阶段运用不同的记忆策略。早期阶段，例如幼儿时期，儿童可能更多地依赖于感性和情景记忆，对于特定的事件和情景有较好的记忆。随着年龄增长，他们逐渐开始运用简单的记忆策略，如重复学习，来帮助他们记住信息。到了中小学阶段，儿童开始逐步掌握更复杂的记忆策略，如联想、分级和构建。

（2）复杂记忆策略的应用

随着认知能力的提升，儿童逐渐能够运用更复杂的记忆策略来处理信息。联想是其中一种重要的策略，儿童可以将要记忆的信息与已有的知识或经验联系起来，从而增加信息的意义和记忆性。分级是另一种策略，儿童可以将信息按照不同的层次进行组织，使其更易于记忆和理解。构建是一种更高级的策略，儿童可以将信息组合成更为复杂的结构，如故事或图表，从而帮助记忆。

（3）元认知能力的提升

随着认知发展，儿童逐渐具备了更强的元认知能力，即对自己的认知过程进行监控和调控的能力。这使得他们能够更自主地选择合适的记忆策略。例如，当儿童意识到某种策略在特定情境下更有效时，他们会更有意识地选择应用这种策略，从而提升记忆效果。

（三）认知发展与解决问题能力

认知发展与解决问题能力密切相关。随着儿童认知能力的增强，他们在面对问题时能够运用更复杂的思维方式和策略。例如，皮亚杰的认知发展阶段理论指出，具体运算阶段的儿童已经具备逻辑推理和操作符号的能力，能够进行具体的数学和逻辑问题解决。随着认知发展进入形式运算阶段，儿童开始具备抽象思维和假设推测的能力，能够应对更复杂的问题情境。

1. 认知发展对问题解决策略的影响

认知发展对儿童的问题解决能力会产生深远影响。在皮亚杰的理论中，儿童在不同阶段具备不同的思维能力，这会影响他们的问题解决策略。在感觉运动阶段，儿童主要通过感官和运动来解决问题，而随着认知发展，他们逐渐具备了逻辑思维和符号操作的能力，能够运用更复杂的问题解决策略。

（1）感觉运动阶段与感性问题解决

在皮亚杰的认知发展阶段理论中，感觉运动阶段是儿童的最早阶段，主要集中在 0 到 2 岁。在这个阶段，儿童主要通过感觉和运动来获取信息和解决问题。他们更倾向于通过观察、摸索和操作来解决问题，对于物体的属性、形状和功能等进行探索。例如，一个婴儿可能会试图用手抓取、摇动或咬物体，以了解它的特性。

（2）前运算阶段与逻辑问题解决

尽管前运算阶段（2 岁到 7 岁）的儿童已经具备了一定的假想能力，但依然很难从他人的角度进行换位思考，而且他们通常会以极度自我的态度对待生活。由于处于该阶段的儿童尚不能进行抽象思维，因此，他们只能理解处于眼前的视觉信息。例如相同大小的铁块和棉花，他们会认为重量是一样的。

（3）具体运算阶段与逻辑问题解决

随着儿童进入具体运算阶段（7 岁到 11 岁），他们开始逐渐具备逻辑思维和操作符号的能力。这使得他们能够运用更复杂的问题解决策略，如分类、比较和推理。在面对具体问题时，他们可能会运用分类策略将问题分解成更小的部分，通过比较不同选项的优劣来作出决策。例如，在数学问题中，他们可能将问题拆分为更小的步骤，逐步解决。

（4）形式运算阶段与抽象问题解决

当儿童进入形式运算阶段（11 岁及以上），他们开始具备抽象思维和假设推测的能力。在面对抽象问题时，他们可以运用更高级的问题解决策略，如应用已有的规则、制定假设和进行推断。他们更有可能从事复杂的数学和科学问题，涉及多个变量和关系。例如，在解决科学问题时，他们可以根据已有的科学理论和实验数据，提出假设并进行实验验证。

2. 认知发展与创新性问题解决能力

随着认知发展，儿童的问题解决能力也在不断发展，从简单的操作到复杂的逻辑推理。然而，认知发展不仅仅局限于传统的问题解决能力，还对创新性问题解决能力产生影响。随着认知能力的提升，儿童更有可能表现出创造性思维，提出新颖的解决方案，对问题进行不同角度的思考。

（1）认知发展与创新性思维的关系

随着儿童的认知能力逐渐增强，他们的思维范围和灵活性也得到提升。在早期的认知发展阶段，儿童可能主要关注感性和直观的问题解决，但随着年龄的增长，他们开始具备更多的抽象思维能力，能够从不同角度看待问题，联想和融合不同的想法，从而促进创新性思维的产生。

（2）认知灵活性与创新性解决方案

随着认知能力的提升，儿童更有可能在解决问题时灵活运用不同的思维策略和方法。他们能够跳出固有的思维模式，勇于尝试新的观点和方法，从而创造性地解决问题。这种认知灵活性的发展为儿童培养创新性问题解决能力提供了基础。

（3）认知多样性与创新思考

随着认知的不断发展，儿童在知识和经验上更具多样性。这种多样性的认知资源使得他们能够在问题解决过程中跨越不同的领域和知识背景，从而激发创新的想法和解决方案。他们可以将不同领域的知识融合，提出独特的解决途径。

（4）认知探索与创新发现

认知发展还促进了儿童的探索精神和好奇心。随着他们对世界的认知逐渐深化，他们更有可能自发地探索新的问题和领域。这种主动的认知探索有助于培养创新性问题解决能力，使他们能够在面对未知和复杂的情境时保持开放的思维，并提出具有独创性的解决方案。

二、如何优化教学以促进学生的认知发展

（一）激发探究和批判性思维

优化教学应该鼓励学生的探究和批判性思维能力。这有助于促进他们的认知发展。教育者可以设计问题情境和案例分析，引导学生积极思考和提出问题。同时，教育者培养学生的批判性思维能力，让他们能够评估信息的可靠性、权威性和适用性，从而提升他们的问题解决能力。

1. 创建问题驱动型学习环境

优化教学应当着重营造一个问题驱动型的学习环境。教育者可以通过引入引人深思的问题或情境，激发学生的好奇心和求知欲。这样的学习方式能够促使学生自主地提出问题、寻找答案，并培养他们的信息获取和处理能力。

（1）引入引人深思的问题和情境

教育者可以选择与课程内容相关的引人深思的问题或情境作为学习的起点。这些问题可以激发学生的好奇心，引发他们对主题的兴趣，并引导他们自主地思考和探索。问题的设置需要具有一定的挑战性，既要引导学生思考，又要在其能力范围内，以避免过于困难或过于简单。

（2）激发学生的主动性和求知欲

问题驱动型学习环境鼓励学生主动提出问题、寻找答案和参与讨论。教育者可以通过鼓励学生在课堂上分享自己的观点和思考，激发他们的积极参与和求知欲。同时，教育者也应该充当引导者的角色，帮助学生深入挖掘问题背后的思想和概念。

（3）培养信息获取和处理能力

在问题驱动型学习环境中，学生需要积极主动地寻找信息，从不同来源收集和整理信息，以回答问题或解决问题。这有助于培养学生的信息获取和处理能力，让他们学会从多个角度审视问题，运用多样的资源进行研究和分析。

2. 培养批判性思维能力

教育者可以设计启发性的课题和讨论，引导学生从多角度思考问题，挑战他们的现有观点，培养批判性思维能力。学生通过分析、比较、评估信息，能够更好地理解问题的本质，并在解决问题时更具深度和广度。

（1）设计启发性课题

教育者可以精心设计具有启发性的课题，这些课题可以引发学生的好奇心和求知欲。课题的设计应该能够涉及多个层面和多个角度，从而鼓励学生从不同的视角探讨问题。例如，可以提出开放性的问题，如“科技对社会的影响是积极的还是消极的？”这样的问题能够激发学生提出各种不同的观点和论据。

（2）多角度思考问题

在讨论中，教育者可以引导学生从多个角度思考问题。例如，其可以鼓励学生从社

会、经济、伦理、文化等各个方面分析问题。这种综合性的思考能力能够帮助学生更好地理解问题的复杂性，并能够避免陷于片面的观点。

（3）挑战现有观点

批判性思维需要学生敢于挑战和重新评估他们的现有观点。教育者可以鼓励学生质疑、提供反驳性观点，并通过讨论激发学生思考。这有助于培养学生对于不同观点的敏感性，以及审慎评估信息和论证的能力。

（4）信息分析和评估

在培养批判性思维能力的过程中，学生需要学会分析和评估不同来源的信息。教育者可以引导学生判断信息的可靠性、来源的权威性及是否存在偏见。这将帮助学生在面对信息时保持审慎的态度，并能够更准确地进行判断和决策。

（5）深度和广度

通过让学生从多个角度分析问题，他们可以更深入地理解问题的本质。同时，启发性的课题和讨论也能够扩展学生的知识面，使他们能够将不同领域的知识结合起来，形成更全面的认识。

（二）跨学科和情境化教学

认知发展与跨学科和情境化教学相辅相成。将不同学科的知识和技能融合在一起，有助于培养学生的综合性思维和跨领域的认知能力。同时，将教学与实际生活情境相连接，让学生在真实的情境中运用所学知识和技能，能够更好地促进他们的认知发展。

1. 促进知识的融合与迁移

优化教学应当强调跨学科的教学方法。将不同学科领域的知识相互融合，可以帮助学生建立更全面的认知框架，促进知识的迁移和应用。跨学科的教学能够培养学生的综合性思维，使他们能够从多个角度看待问题。

（1）知识融合的重要性

跨学科教学强调将不同领域的知识融合在一起，从而帮助学生建立更为综合和关联性强的认知框架。这种框架使得学生能够更好地理解知识之间的联系，更能够在解决问题时综合运用不同领域的知识。

（2）知识迁移的挑战与机遇

将知识从一个领域迁移到另一个领域是一种重要的认知技能。跨学科教学能够帮助学生培养这种能力，因为他们需要在不同的情境中应用他们所学的知识。虽然知识迁移可能面临难题，但它也为学生提供了在新领域中创新和解决问题的机会。

（3）综合性思维的培养

跨学科教学能够培养学生的综合性思维能力，使他们能够从多个角度看待问题。学生将不同领域的知识相互关联，从而能够形成更为深刻的理解和更全面的分析。

2. 情境化教学的应用

将教学与实际情境相结合，能够更好地激发学生的学习兴趣和动机。教育者可以通过案例分析、角色扮演等方式，让学生在真实情境中应用所学知识，培养他们解决实际问题的能力。这种情境化的教学方法有助于将抽象的概念转化为具体的应用。

（1）案例分析

一种常见的情境化教学方法是案例分析。教育者可以提供实际案例，要求学生分析问题、识别关键问题，并提出解决方案。通过参与案例分析，学生能够将抽象的理论知识与实际问题相连接，培养分析和解决问题的能力。

（2）角色扮演

在情境化教学中，角色扮演也是一种有利的策略。学生可以扮演不同的角色，从而更好地理解不同观点和利益，并尝试在特定情境中解决问题。这种方法培养了学生的沟通、合作和决策能力。

（3）实际问题解决

情境化教学注重让学生直接参与解决实际问题。教育者可以提供真实的挑战，鼓励学生运用课堂内外的知识和技能来解决问题。这种方法能够增强学生的问题解决和创新能力。

（4）知识转化

情境化教学有助于将学生从单纯的知识获取者转变为知识应用者。学生能够在具体的情境中将所学的概念转化为实际行动，提高他们的学习动机和成就感。

（5）培养综合能力

情境化教学能够培养学生的综合能力，使他们能够将不同学科的知识和技能融合应用。这有助于拓展学生的思维边界，促进跨学科的思考。

（三）反思和元认知训练

教育者可以鼓励学生进行反思和元认知训练，以促进他们的认知发展。通过反思，学生可以深入思考自己的学习过程和策略，从而更好地了解自己的认知特点。元认知训练可以帮助学生学会监控和调节自己的学习过程，提高他们的学习效率和自主学习能力。

1.鼓励反思实践

教育者可以通过多种方式鼓励学生反思他们的学习实践。其中，日记写作是一种常用的方法。学生通过每天记录他们的学习体验、困难和进步，可以更加深入地了解自己的学习过程，从而发现问题并提出改进措施。此外，课堂讨论也是促使学生反思的有效途径。通过与同伴分享自己的看法、观点和学习策略，学生可以从不同角度审视自己的学习方式，获得新的思考启发。

（1）日记写作

日记是一种有效的工具，能够帮助学生记录和回顾他们的学习经验。教育者可以要求学生每天或每周写下自己的学习体验、困难和进步。通过书写，学生可以更清楚地意识到自己在学习过程中的感受和变化，从而更有可能发现问题和改进之处。日记还可以成为学生思考的场所，让他们反思学习中的挑战和收获。

（2）学习笔记

教育者可以鼓励学生在课堂上做详细的学习笔记，并在课后进行回顾和总结。学生可以记录课堂内容、自己的思考、问题和想法等。通过整理笔记，学生可以对自己的学习有更清晰的认识，发现理解不足或需要进一步探究的地方。同时，这也是促进学生积极参与课堂的方式之一。

（3）课堂讨论

在课堂上，教育者可以引导学生进行讨论，分享自己的观点和看法。这种互动可以让学生从不同的角度思考问题，了解同伴的学习方法和策略。通过与他人交流，学生可以更深入地反思自己的学习方式，从而获得新的灵感和思考启发。

（4）个人会议

教育者可以定期与学生进行个人会议，讨论他们的学习进展、困难和目标。在会议中，教育者可以提出问题，引导学生思考自己的学习过程，从而帮助他们更有针对性地调整学习策略和计划。

通过以上方式，教育者可以有效地激发学生的自我反思意识，帮助他们更好地认识自己的学习过程和需求。这种反思实践的过程不仅有助于提高学生的元认知能力，还能够培养他们主动掌握学习的能力，为未来的学习和发展奠定坚实基础。

2.培养元认知能力

元认知能力是指对自己的认知过程进行监控和调控的能力。教育者可以通过特定的训练帮助学生培养这种能力，使他们能够更好地管理自己的学习。例如，教育者可以教授学生如何设定明确的学习目标。通过学习目标的设定，学生能够更清楚地知道自己要达到什么样的成果，从而更有动力投入学习。另一个例子是教授学生如何规划学习时间。学生可以学习如何合理分配时间，确保每个学科都得到适当的关注，避免临时抱佛脚。同时，教育者还可以教授学生选择合适的学习策略，例如，对于不同类型的任务，使用何种学习方法更为高效。这些训练都有助于学生更好地组织和控制他们的学习过程，提高学习效果。

（1）设定明确的学习目标

教育者可以引导学生学习如何设定明确的学习目标。学生需要清楚地知道自己的学习目的和期望达到的成果。通过明确的学习目标，学生可以更有动力投入学习，因为他们知道努力学习将带来什么样的回报。

（2）学习时间规划

教育者可以教授学生如何规划学习时间。学生需要学会合理地分配时间，确保每个学科都有足够的时间用于学习，避免在考试前临时抱佛脚的情况发生。教育者可以引导学生制订每日、每周的学习计划，将学习任务分解为可管理的小步骤。

（3）选择适当的学习策略

不同的学科和任务可能需要不同的学习策略。教育者可以教授学生如何根据任务的特点选择合适的学习策略。例如，对于需要记忆的内容，学生可以使用记忆技巧；对于需要理解的概念，可以进行概括总结和运用思维导图等。

（4）监控学习进程

教育者可以教授学生如何监控自己的学习进程。学生可以定期回顾自己的学习计划和目标，检查其是否按照计划执行，有没有偏离轨道。通过不断地监控学习进程，学生可以及时调整自己的学习策略，保持学习的有效性。

通过以上方法和策略，教育者可以培养学生的元认知能力，使他们能够更加自主地管理自己的学习过程。这不仅有助于提高学生的学习效果，还能够为他们今后的学习和生活打下坚实的基础。元认知能力的培养是一个长期的过程，需要教育者的耐心指导和学生的持续努力。

第三节　认知发展在教育实践中的应用

一、个性化学习与适应性教学的实践策略

（一）个性化学习的原则与实施

个性化学习是基于学生个体差异的教育模式，强调根据学生的兴趣、能力和学习风格，量身定制教学内容和方式。在认知发展的视角下，个性化学习能够更好地满足学生在不同认知阶段的需求。教育者可以通过调查问卷、学习风格评估等方式了解学生的认知特点，进而制订个性化的学习计划。这样的教学方法可以提高学生的学习积极性，促进他们更深层次的理解和应用。

1. 个性化学习的核心原则

个性化学习是一种教育方法，旨在根据每个学生的独特需求和特点，量身定制教学计划，以达到更好的学习效果。在认知发展的视角下，个性化学习可以更好地促进学生在不同认知阶段的发展。教育者应遵循以下核心原则来实施个性化学习：

（1）考虑学生的兴趣和能力

个性化学习的首要原则是充分了解学生的兴趣、能力和学习风格。教育者可以通过调查问卷、个人谈话等方式与学生互动，从而更好地了解他们的认知特点。基于这些信息，教育者可以为每个学生制订具有针对性的学习计划，使学习内容更具吸引力和挑战性。

（2）引导自主学习

个性化学习鼓励学生主动参与学习过程，培养其自主学习的能力。教育者可以提供丰富的学习资源，让学生根据自己的学习需求进行选择和安排。给予学生更多的自主权，可以提高他们在学习中的投入度和主动性。

（3）不断反馈和调整

个性化学习强调不断地为学生提供反馈，并根据学生的表现进行调整。教育者可以利用各种评估方式，检测学生的学习进展和理解程度。根据学习数据，教育者可以及时调整教学内容和方法，以确保学生能够在适当的学习水平上持续进步。

2.个性化学习的实施步骤

（1）学生认知特点的识别

教育者需要了解每个学生的认知特点，包括他们的学习风格、知识水平、兴趣等。这可以通过观察、交流、评估工具等方式获得。

（2）制订个性化学习计划

基于学生的认知特点，教育者可以制订个性化的学习计划。这包括选择适当的教材、设计特定的学习任务和项目，以及为学生设定个人目标。

（3）提供多样化的学习资源

个性化学习需要丰富多样的学习资源，以满足不同学生的需求。教育者可以提供书籍、视频、在线课程等多种形式的学习材料，让学生能够根据自己的学习风格进行选择。

（二）适应性教学的实施方法

适应性教学是根据学生的学习进展，及时调整教学策略的方法。认知发展理论强调学生的认知差异，适应性教学可以更精准地满足这些差异。教育者可以利用技术工具，监测学生的学习表现，根据学习数据调整教学内容和难度。适应性教学不仅有助于防止学生的学习焦虑，还能够更好地提供针对性的支持，让学生在适合自己认知水平的情况下学习。

1.数据驱动的教学

数据驱动的教学是适应性教学的基石之一。教育者可以利用各种技术工具，如在线学习平台、学习管理系统等，收集学生的学习数据。这些数据包括学生的学习进度、答题准确率、参与程度等。通过分析这些数据，教育者可以更全面地了解每个学生的学习情况，识别出他们的学习困难和强项。基于这些数据，教育者可以调整教学策略，针对性地提供支持和指导。

（1）数据的收集与种类

适应性教学的第一步是收集学生的学习数据。这些数据可以包括学生的学习进度、作业成绩、在线测试结果、参与课堂讨论的频率、在线学习行为等。这些数据能够为教育者提供关于学生学习情况的全面信息，帮助他们洞察学生在知识掌握、参与度和学习兴趣等方面的表现。

（2）数据分析与洞察力

教育者需要运用数据分析工具和方法对收集到的数据进行分析，以获取有关学生学习情况的洞察力。通过数据分析，教育者可以发现学生在哪些知识点上表现出困难，哪些学生需要额外的支持，以及哪些学生已经掌握了知识并可以进一步挑战。这种洞察力有助于教育者制定个性化的教学计划和策略。

2. 不同水平的任务设计

适应性教学强调为不同水平的学生设计不同难度的任务，以满足他们的学习需求。对于掌握较好的学生，教育者可以提供更具挑战性的任务，激发他们的兴趣和创造力，推动他们的学术发展。而对于掌握较差的学生，教育者应提供更基础的任务，帮助他们逐步建立自信，夯实基础知识。这种差异化的任务设计能够让每位学生都能够在适合自己认知水平的情况下进行学习。

（1）为高水平学生设计具有挑战性的任务

对于掌握较好的学生，教育者可以设计更具挑战性的任务，以激发他们的学术兴趣和创造力。这些任务可以涉及更复杂的问题解决、探究性研究、实践项目等，要求学生运用更高层次的分析、综合和创新能力。这种任务设计可以帮助高水平学生深入挖掘自己的潜力，培养他们的自主学习能力，同时提供给他们一个展示才华的平台。

（2）为低水平学生设计基础性的任务

针对掌握较差的学生，教育者应设计基础性的任务，帮助他们逐步建立起自信心和学习动力。这些任务可以从简单的问题出发，引导学生逐步掌握基本概念和技能。任务的难度要适中，让学生能够在不过于有压力的情况下逐步提升。同时，教育者可以提供更多的辅导和支持，鼓励学生勇敢面对困难，逐步突破自己的学习障碍。

（3）任务类型的多样化

任务设计不仅涉及难度的差异化，还应包含多样化的任务类型。教育者可以通过多种方式激发学生的兴趣和参与度，如项目研究、小组合作、实践探究等。不同类型的任务能够满足不同学生的学习需求和偏好，促进他们全面发展。

3. 实时反馈和支持

适应性教学强调实时性反馈和支持。教育者可以通过在线平台、即时消息等方式与学生保持沟通，及时回答他们的问题，解决他们的困惑。实时反馈不仅有助于学生及时了解自己的学习情况，还能够纠正其学习中的错误，保持学习的连贯性。此外，教育者的支持也能够让学生在学习过程中保持积极的学习动力。

（1）创造学习的持续性和连贯性

实时反馈和支持能够确保学生在学习过程中保持持续性和连贯性。教育者可以通过在线平台、即时消息等方式与学生保持沟通，随时解答他们的疑问。这种沟通方式能够及时纠正学生学习中的错误，帮助他们避免形成错误的学习习惯，保持学习的连贯性。

（2）个性化的学习指导

实时反馈和支持可以为每个学生提供个性化的学习指导。教育者可以根据每个学生的学术水平、学习风格和需求，为他们提供针对性的建议和指导。这种个性化的指导能够更好地满足学生的学习需求，帮助他们克服困难，提高学习效果。

（3）增强学生的学习动力和自信心

实时反馈和支持有助于增强学生的学习动力和自信心。学生在学习过程中遇到问题时，能够及时获得指导和解答，减少焦虑和不确定感。这种积极的学习体验能够促使学生更加主动地参与学习，提高他们的学习投入和学术自信心。

（4）促进自主学习和元认知能力的发展

通过实时反馈和支持，教育者可以引导学生进行自主学习和元认知训练。教育者可以提出问题，引导学生深入思考自己的学习过程和策略。学生在与教育者的互动中逐渐培养起监控和调节学习的能力，提高他们的元认知水平。

（5）建立良好的师生关系

实时反馈和支持有助于建立良好的师生关系。教育者通过与学生的交流和互动，展现出对学生学习的关心和支持。这种互动能够建立起信任和合作的氛围，使学生更愿意寻求帮助和分享自己的学习困惑。

4. 引导元认知和自主学习

适应性教学可以促进学生的元认知和自主学习能力的培养。元认知是指对自己的学习过程和策略的认知。教育者可以引导学生反思自己的学习过程，帮助他们认识到哪些学习策略有效，哪些需要改进。这种自我监控和调整的能力能够让学生更加自主地管理自己的学习过程。同时，教育者还可以鼓励学生积极参与自主学习，培养他们的自主学习意识和能力。

（1）引导学生进行元认知反思

适应性教学可以通过引导学生进行元认知反思，帮助他们认识到自己的学习过程中的优势和不足。教育者可以与学生一起探讨学习策略的有效性，让学生自主地评估哪些策略在不同情境下效果更佳。这种反思过程使学生能够更清楚地了解自己的学习需求，逐步建立起对学习过程的自我监控能力。

（2）培养学生的自我调节能力

适应性教学培养了学生的自我调节能力，使他们能够在学习过程中主动调整学习策略和方法。通过元认知反思，学生可以识别出学习中的问题，并找到解决问题的方法。这种自我调节能力不仅有助于提高学习效率，还能够让学生更好地应对学习中的挑战和困难。

（3）培育学生的学习意识和策略

适应性教学鼓励学生积极参与自主学习，培养他们的学习意识和策略。教育者可以指导学生如何设定学习目标、规划学习步骤及评估学习成果。通过自主学习，学生能够更好地理解自己的学习需求，从而有针对性地选择合适的学习策略。

（4）提升学生的学习动机和责任感

适应性教学培养了学生的学习动机和责任感。当学生在学习过程中能够自主地制订学习计划并监控学习进展时，他们会感受到学习的积极性和成就感。这种学习体验能够增强学生的学习动机，让他们更有责任感地投入学习。

二、认知发展理论指导下的教材设计与课程安排

（一）教材设计的原则

认知发展理论为教材设计提供了重要指导，以确保教材能够适应学生在不同阶段的认知发展水平。以下是一些教材设计的原则，基于认知发展理论的观点：

1. 分阶段引入概念和知识

根据认知发展理论，儿童在不同的年龄阶段具备不同的认知能力和思维方式。因此，教材设计应该充分考虑学生的认知发展特点，分阶段地引入概念和知识。这一原则可以通过以下几个方面来体现：

（1）依据认知阶段进行分层设计

教材应当将内容划分成适合不同认知阶段的部分。例如，在学前儿童阶段，教材可以注重感官体验和基本概念的引入；而在中小学阶段，可以逐步引入更加抽象和深入的知识。

（2）符合年龄特点进行内容选择

教材的内容应当与学生的年龄特点相匹配。对于年幼的学生，教育者可以通过生动的图画和故事情境引入概念；对于青少年学生，教育者可以引入更具挑战性的内容，激发他们的思辨和独立思维能力。

（3）融入具体案例和实例

在引入概念和知识的过程中，教育者可以通过具体的案例和实例来说明，使抽象的概念变得更加具体和易于理解。例如，在数学课上，教育者可以通过日常生活中的问题来展示抽象数学概念的应用。

2. 连接学习内容与实际情境

将学习内容与实际情境联系起来是教材设计的重要原则之一。这有助于学生将抽象的知识与实际生活相结合，提升他们的理解和应用能力。以下是一些实现这一原则的方法：

（1）引入真实生活案例

在教材中引入与学科内容相关的真实生活案例，让学生能够在实际情境中看到所学知识的应用。例如，在科学课上，教育者可以通过展示科学在日常生活中的应用来激发学生的兴趣。

（2）设计情境化问题

在教材中设计情境化的问题，让学生需要将所学知识应用于解决具体问题。这可以培养学生的问题解决能力和创新思维，使他们能够更好地将知识运用于实际情境。

（3）参观实地实践

组织学生进行实地实践活动，让他们能够亲身体验所学知识在现实中的应用。例如，历史课程可以组织学生参观博物馆或历史遗迹，加深他们对历史事件和文化的理解。

（二）课程安排的策略

认知发展理论也为课程安排提供了有益的策略，以确保教学过程能够充分利用学生在不同认知阶段的特点和能力。

1. 逐步推进的结构

基于认知发展理论，课程应该设计成逐步推进的结构，以适应学生的认知发展水平。这一策略有助于确保学生在学习过程中逐步建立知识框架，从而更好地理解和应用所学内容。

（1）分阶段的内容引入

课程可以根据学生的年龄和认知发展特点，将内容分为不同阶段进行引入。例如，在语言课程中，教育者可以从简单的单词和句子开始，逐渐引入更复杂的语法和表达方式。

（2）渐进式难度设置

课程中的任务和活动应该根据学生的认知水平逐渐增加难度。这有助于避免学生因难度过大而产生挫败感，同时也能够激发他们的学习兴趣和求知欲。

（3）复习与扩展

在课程中，教育者应该适时进行内容的复习和扩展。复习可以帮助学生巩固所学知识，而扩展部分可以让对某一领域产生浓厚兴趣的学生深入探究更多相关内容。

2. 启发性问题与案例分析

引入启发性问题和案例分析是培养学生批判性思维和问题解决能力的重要策略。这些方法可以激发学生的好奇心，促使他们主动思考和探索。

（1）提出开放性问题

在课程中，教育者可以引导学生思考开放性问题，让他们从不同角度思考并提出自己的看法。这有助于培养学生的批判性思维和创造力。

（2）案例分析和讨论

引入实际案例和问题情境，让学生能够将所学知识应用于实际情况的分析和解决。通过讨论和分享不同观点，学生可以更深入地思考问题。

（3）启发性教学材料

教材中可以引入具有启发性的材料，如有趣的故事、科学实验、历史事件等，以激发学生的学习兴趣，并引发他们的思考和探究欲望。

3. 互动和合作学习

社会文化理论强调社会交往对认知发展的影响，因此在课程安排中融入互动和合作学习环节能够促进学生的社会认知和情感发展。

（1）小组讨论和合作项目

课程中可以安排小组讨论、合作项目等活动，让学生与同伴共同探讨问题、分享观点，从而促进他们的社会认知和合作能力。

（2）角色扮演和模拟活动

设计角色扮演和模拟活动，让学生能够在特定情境中扮演不同角色，从而理解问题的多面性和复杂性，培养他们的社会情感和沟通能力。

（3）互动式技术工具

利用在线平台、虚拟教室等互动式技术工具，可以让学生在线交流、合作解决问题，跨越时间和地域的限制，促进协作学习和社会互动。这些方法可以使学生更积极地参与课程，增强他们的学习动力和合作意识。

4. 个性化学习支持

在课程安排中融入个性化学习支持是基于认知发展理论的又一重要策略。这有助于满足每位学生的独特学习需求，确保他们能够获得有效的学习体验。

（1）差异化教学

根据学生的学习特点和需求，教育者可以采用不同的教学策略和资源，以确保每位学生都能够在适合自己的认知水平上学习。例如，对于掌握较好的学生，教育者可以提供拓展性任务；而对于掌握较差的学生，教育者则可以提供更基础的练习。

（2）适应性教学技术

利用技术工具和学习平台，可以实现适应性教学，教育者根据学生的学习进展和表现，动态地调整教学内容和难度。这种个性化的支持可以帮助每位学生在自己的认知水平上获得成功体验。

（3）学习策略指导

针对不同的学习阶段，教育者可以提供学习策略的指导，帮助学生更有效地学习和掌握知识，例如，教育者可以教授学习方法、记忆技巧等，以提高学生的学习效率。

通过遵循以上教材设计和课程安排的原则与策略，教育者可以更好地将认知发展理论应用于教学实践中，促进学生的认知能力和学术发展。这不仅能够提高学生的学习效果，还能够培养他们的自主学习能力和批判性思维，为未来的学习和生活奠定坚实的基础。

第五章　社会情感发展与教育研究

第一节　社会情感发展理论和研究

一、基本情感发展阶段与情绪调节能力的发展

社会情感发展在个体的生命周期中经历了不同的阶段，每个阶段都对情感的理解和调节能力产生了重要影响。

（一）早期情感发展

婴幼儿期是情感发展的起点。在这个阶段，婴儿开始表现出基本的情感反应，如喜悦、愤怒、恐惧等。这些情感是生物学基础上的自然反应，但婴儿还没有情感的认知和调节能力。

1. 婴幼儿期的基本情感反应

婴幼儿期是个体情感发展的起点，这一阶段的情感表现为基本情感反应，如喜悦、愤怒、恐惧等。这些情感的表现是婴儿生物学本能的产物，反映了他们对外界刺激的初步反应。以下将分别探讨婴儿期基本情感反应的特点及其在情感发展中的意义。

（1）喜悦和愉快情感

婴儿在面对亲近的照顾者、获得满足时会表现出愉快和喜悦的情感。这通常表现为微笑、欢笑、肢体活动的增加等。这些表现不仅是对正面刺激的生物学回应，还有助于建立亲子关系，为婴儿与照顾者之间的情感联系奠定基础。

（2）愤怒和消极情感

当婴儿感到不适或受到不愉快的刺激时，他们可能表现出愤怒、不安和哭泣等情感反应。这些情感的表现有助于引起照顾者的注意，满足婴儿的需求，从而维护其生存和发展。

（3）恐惧和焦虑情感

婴儿在面对陌生环境、陌生人或突然的强烈刺激时，可能会感到恐惧和焦虑。这种情感反应有助于婴儿发现潜在的危险，并促使他们寻求保护和安全感。

婴儿期的基本情感反应是情感发展的基础，它们起源于生物学机制，但同时也受到早期环境和亲子关系的影响。婴儿在与照顾者的互动中逐渐学会识别和表达情感，同时也开始形成对环境的情感预期。这为后续情感认知和调节能力的发展打下了基础。

2. 婴儿期情感认知和调节的初步发展

在婴儿期，虽然婴儿尚未具备情感的认知和调节能力，但他们逐渐开始在情感表达和互动中发展这些能力。以下是婴儿期情感认知和调节发展的几个方面：

（1）情感表达的非语言方式

在婴儿期，婴儿通过面部表情、声音、肢体动作等非语言方式来表达情感。虽然他们尚不能用言语来表达，但这些非语言表达有助于照顾者理解他们的情感状态。

（2）情感互动与情感共鸣

婴儿在与照顾者的情感互动中逐渐学会感知他人的情感，并对其产生共鸣。照顾者的情感回应可以影响婴儿的情感调节，帮助他们逐渐学会在情感上寻求安慰和支持。

（3）情感调节的初步发展

婴儿在早期阶段尚未能够有效地自我调节情感，他们更多地依赖于照顾者来帮助他们恢复情感平衡。然而，随着婴儿的认知和神经系统的发展，他们逐渐开始发展一些初步的情感调节策略。例如，他们可能通过吮吸手指、摇晃玩具等方式来安抚自己的情感激动。

（4）情感识别的初步能力

尽管婴儿在婴幼儿期无法理解复杂的情感概念，但他们开始逐渐分辨一些基本的情感表情，如笑容和哭泣。这为他们将来对他人情感的识别打下基础。

婴儿期的情感认知和调节发展是一个渐进的过程，与婴儿和照顾者的互动紧密相关。照顾者的情感回应和支持有助于婴儿建立情感调节的基础，同时也为后续社会情感发展奠定了基础。

（二）儿童期情感发展

随着儿童进入儿童期，他们逐渐学会了更多的情感表达和调节方式。他们开始能够区分和描述自己的情感，并学会通过语言表达自己的情感和需要。同时，儿童还在逐步发展情绪调节的能力，如通过冷静思考来控制情绪、寻求成人的支持等。

1. 情感表达的发展

（1）情感认知的提升

随着儿童进入儿童期，他们逐渐能够区分和识别不同的情感，如喜、怒、哀、乐等。他们开始能够准确辨认自己和他人的情感表达，对于情感的认知变得更加细致。

（2）情感语言的发展

在儿童期，儿童逐渐学会使用语言来表达自己的情感和需求。他们能够用言语描述自己的情绪状态，如说出自己开心、生气或难过。这种情感语言的发展使得他们能够更有效地与他人进行情感交流。

2.情绪调节能力的培养

（1）情绪认知的提升

儿童在儿童期开始逐渐认识到情绪的起源和影响。他们能够辨别出什么情境会引起何种情绪，从而在一定程度上预测和理解自己的情绪反应。

（2）情绪调节策略的学习

随着认知发展，儿童逐渐学会使用情绪调节策略来管理和控制情绪。他们可以通过冷静思考、深呼吸、分散注意力等方法来缓解负面情绪，或者通过积极思考来增强积极情绪。

（3）寻求成人支持

儿童在儿童期开始明白自己无法独立应对所有情绪，因此会主动寻求成人的支持和安慰。他们逐渐认识到成人可以提供安全感和情感支持，这有助于缓解不良情绪。

3.情感发展的影响因素

（1）家庭环境

家庭是儿童情感发展的主要影响因素之一。良好的家庭环境可以提供情感安全感和支持，有助于儿童积极情感的培养。相反，不稳定或压力较大的家庭环境可能影响儿童的情感调节能力。

（2）同伴关系

同伴关系在儿童期逐渐变得重要，儿童通过与同伴的互动学会分享情感、理解他人情感及应对情感冲突。积极的同伴关系有助于培养儿童的社会情感技能。

（3）文化因素

不同文化背景下，情感表达和调节的方式可能存在差异。文化对于哪些情感表达是可接受的，以及如何处理情感冲突等方面都会产生影响，它塑造了儿童的情感发展路径。

4.教育中的角色

（1）情感教育的重要性

教育者在儿童期可以通过情感教育，帮助儿童认识、表达和调节情感。情感教育有助于培养儿童的情感智力，提升他们的情感表达和社会适应能力。

（2）情感管理技能的培养

教育者可以引导儿童学习情感调节策略，如情绪表达、情感转移和积极思考等。这些技能能够帮助儿童更好地应对情感困扰，提升情感稳定性。

儿童期的情感发展是一个逐渐发展和成熟的过程，儿童通过情感表达和情绪调节的学习，逐步建立起与自己和他人的情感互动方式。教育者在教育实践中发挥重要作用，情感教育和支持，有助于儿童建立健康的情感认知和管理能力。

（三）青少年期情感发展

青少年期是情感发展的关键时期。青少年在这个阶段经历着身份建构、自我意识的增强等变化，这些都影响着他们的情感体验和表达。青少年开始独立思考自己的情感，但情绪调节方面可能仍存在挑战，其容易受到同伴和社会环境的影响。

1. 自我认知与情感体验

（1）身份建构与自我意识

青少年期是身份探索和建构的重要时期。青少年开始思考自己是谁，逐渐形成自我概念。这个过程影响他们对情感的认知和表达，因为他们的情感体验与自我认知密切相关。

（2）情感复杂性的增加

青少年期的情感体验更加复杂和多样化。他们可能同时经历积极情感（如兴奋、喜悦）和负面情感（如焦虑、抑郁）。这种情感多样性反映了他们面对的挑战和变化。

2. 情感表达与自我调节

（1）独立思考与情感表达

在青少年期，青少年开始独立思考情感，并尝试用言语和行为表达自己的情感。他们可能更倾向于与同龄人分享情感，以获得理解和支持。

（2）情感调节的挑战

尽管青少年在情感表达方面更为成熟，但其情感调节方面可能仍存在挑战。他们可能因为情绪激动而难以冷静思考，也可能在面对挫折时产生消极情绪。这种情感调节的不稳定性可能影响他们的决策和行为。

3. 同伴与社会环境的影响

（1）同伴关系的重要性

青少年期是同伴关系变得更为重要的阶段。同伴群体对于情感表达和认同感的形成具有重要影响。青少年可能受到同伴的情感表达方式和价值观的影响，进而影响他们自己的情感表达。

（2）社会环境的影响

青少年所处的社会环境也影响着他们的情感发展。家庭、学校和媒体等因素都会塑造他们对情感的认知和表达方式。社会期望和文化观念会影响青少年的情感经验和情感表达方式。

4. 教育和支持的角色

（1）情感教育的重要性

教育者和家长在青少年期扮演重要角色，他们可以通过情感教育帮助青少年更好地认识和管理情感。情感教育可以包括情感认知、情感表达和情感调节等方面的培养。

（2）建立情感支持体系

青少年需要得到情感上的支持和理解。家庭、学校和社区可以一起构建情感支持体系，鼓励青少年积极表达情感，提供情感咨询和支持，帮助他们有效应对情感挑战。

5. 发展的差异与关注

（1）情感障碍的关注

青少年期有些人可能面临情感障碍，如抑郁、焦虑等。教育者和家长应该关注青少年的情感健康，及早发现并寻求专业帮助。

（2）个体差异的尊重

每个青少年的情感发展都是独特的。教育者需要尊重个体差异，不同的青少年在情感认知、表达和调节方面可能存在差异，教育者需要提供个性化的支持和指导。

青少年期对于情感发展是一个复杂而关键的阶段。青少年在这个阶段逐渐建立起更成熟的情感认知和表达方式，但也需要教育者和社会的关注和支持，以帮助他们更健康地应对情感挑战并发展积极的情感能力。

二、社会情感与人际关系的相互作用

社会情感与人际关系之间存在着密切的相互作用关系。个体的情感体验和表达影响着他们与他人的互动方式，同时人际关系的质量也会影响个体的情感体验。

（一）情感与情感表达在人际关系中的作用

个体的情感表达不仅影响他们自身的情感体验，还会对他人产生影响。积极的情感表达能够促进亲近和合作关系，而负面的情感表达可能引起冲突和矛盾。同时，他人的情感表达也会影响个体的情感体验和情感调节。

1. 影响人际亲近程度

人际关系的建立与发展离不开积极的情感表达。积极的情感表达可以传递友好、关心和亲近的信号，使他人感受到被尊重和接纳。例如，一个真诚的微笑或一句鼓励的话语，可以在短时间内拉近与他人的距离，增进情感联系。

2. 情感表达的情境适应性

不同情境需要不同的情感表达方式。在庆祝活动、喜庆场合，积极的情感表达能够增加共鸣和团结感。例如，一次成功的团队项目完成后，成员之间的热烈庆祝会增强情感连结。然而，在悲伤场合，适当的负面情感表达也是必要的。比如，在亲友丧失时，适度的悲伤表达会获得他人的理解和支持。

3. 情感表达与冲突解决

冲突是人际关系中常见的挑战，而情感表达在冲突解决中扮演着关键角色。坦诚地表达情感有助于减少误解和猜测，减轻紧张情绪，为解决问题创造积极的氛围。例如，当出现分歧时，诚实地表达自己的感受，可以促进彼此的理解，有助于避免情感升级。

（二）情感共鸣与情感支持

社会情感发展中，情感共鸣和情感支持起着重要作用。情感共鸣是指个体能够感受和理解他人的情感，这有助于建立情感连结和共鸣，加强人际关系。情感支持则是在情感需要时提供情感上的支持和安慰。人际关系中的情感共鸣和情感支持有助于建立情感的亲密连接，减轻情感压力，促进情感的积极表达。

1. 情感共鸣的建立

情感共鸣是一种情感体验的共同性，个体能够理解和感受他人的情感。在人际关系中，情感共鸣有助于建立情感连结，增强人际关系的亲密程度。

2. 情感支持的重要性

在社会情感发展中，情感支持对于人际关系的质量至关重要。提供情感支持意味着倾听、理解和安慰他人的情感需求，这不仅能加强情感连结，还有助于情感的健康表达。

（三）情感调解与人际冲突处理

个体的情感调节能力在处理人际冲突和问题时起着关键作用。较好的情感调节能力使个体更冷静地分析问题、寻找解决方案。此外，情感调节还有助于避免情绪爆发和过度情绪化，维护人际关系的和谐。

1. 情感调节与冷静思考

在人际冲突中，情感往往会影响个体的决策和行为。情感调节能力使个体能够在情绪激动时保持冷静，并进行理性思考。良好的情感调节使个体能够暂时将情绪放置一旁，从而更好地分析问题、评估不同选项，并采取更具建设性的行动。例如，一个具有较强情感调节能力的人在工作团队出现分歧时，能够避免情绪影响判断，从而更好地协调和解决问题。

（1）情感调节与情绪冷静化

情感调节能力使个体能够在情感激动时，通过认识和理解自己的情感，采取适当的策略冷静下来。个体可以利用呼吸练习、放松技巧或者分散注意力的方法来减少情感的强度，从而能够更好地保持冷静思考的状态。

（2）情感调节与问题解析

良好的情感调节能力使个体能够在冲突和问题出现时，将情感暂时放置一旁，集中精力进行问题的分析和解决。个体不会被情感所主导，而是能够客观地评估情境，考虑各种可能的解决方案，并权衡不同选项的优劣。

（3）情感调节与建设性行动

情感调节能力使个体能够在冷静思考的基础上，采取更具建设性的行动。个体不会被情感冲动所驱使，而是能够更好地掌控自己的行为。这有助于避免冲动的言行，减少激化冲突的可能性，从而更好地维护人际关系的和谐。

（4）情感调节与沟通效果

冷静思考在沟通中起到关键作用。情感调节能力强的个体能够在情感不稳定的情况下，仍能选择适当的言辞，避免冲突升级。他们更有可能通过冷静的方式表达自己的观点，增加有效沟通的可能性。

2. 情感调节与争论管理

争论和冲突是人际关系中不可避免的一部分。情感调节能力的强弱直接影响着个体在争论中的表现。个体情感调节能力强的人在争论中能够有效地控制情绪的表达，保持冷静和理性的讨论氛围。这有助于避免情绪爆发，减少争论升级的可能性，从而更好地解决问题，保持人际关系的和谐。举例来说，一位领导者在处理团队内部矛盾时，如果能够冷静控制情绪，将更有利于引导争论朝着积极的方向发展，促进问题的解决。

（1）情感调节与情绪控制

情感调节能力强的个体在争论中能够更好地控制自己的情绪，避免情绪的过度激发。这意味着他们可以保持冷静，不会因为情绪而言语激烈或做出冲动的决定。相反，他们能够通过情感调节来维持争论的平稳氛围，从而更有可能达成解决方案。

（2）情感调节与理性思考

情感调节能力强的个体在争论中能够更好地进行理性思考。他们不会被情绪主导，而是能够冷静地分析问题，评估各种可能的观点和解决方案。这有助于避免在争论中陷入情绪化的争吵，使争论更加客观和有效。

（3）情感调节与解决方案

在争论中，情感调节能力使个体更有可能采取建设性的方法来解决问题。他们能够在情感的影响下，仍然保持对问题的关注，努力寻找双方都能接受的解决方案。这有助于减少争论的持续时间和激烈程度，促进问题的妥善解决。

（4）情感调节与人际关系

情感调节能力对于人际关系的维护至关重要。个体在争论中展现出的情感调节水平，会影响他人对其印象。情感调节能力强的个体更有可能赢得他人的尊重和信任，从而加强人际关系的稳固性。

（5）情感调节与领导力

在领导和管理的情境中，情感调节能力对于争论管理尤为关键。领导者需要在处理冲突时展现出冷静、公正和理性，这有助于员工对领导的信任和尊重。情感调节能力强的领导者能够更好地引导团队的争论，促使争论朝着建设性的方向发展，从而为问题解决提供更有价值的平台。

在教育实践中，教育者可以通过课堂讨论、情感教育课程及角色扮演等方式，帮助学生认识和理解情感在人际关系中的作用，培养他们积极的情感表达和情感调节能力。此外，鼓励学生培养情感共鸣和情感支持的能力，可以促进他们更有同理心地与他人互动，建立良好的人际关系。

第二节 社会情感发展对人际关系的影响

一、情感智力对人际互动和合作的重要性

情感智力是指个体识别、理解和管理自己及他人情感的能力。情感智力对于人际互动

和合作的发展具有重要影响。

（一）情感识别

情感识别是情感智力的核心组成部分，它使个体能够准确地辨认和理解自己及他人的情感表达。在人际互动和合作中，情感识别能力发挥着重要作用，有助于加深双方的理解和共鸣。

1. 情感信息的多源获取

情感识别涉及多种渠道的情感信息获取，包括语言、面部表情、声音、肢体语言等。个体通过这些渠道能够捕捉到他人情感状态的线索，从而更好地了解他人的情感体验。例如，一个微笑的面部表情可能暗示着愉悦，而沉重的声音则可能反映出悲伤。

（1）语言

语言是情感表达的主要媒介之一。个体通过听取他人的语言表达，包括语气、语速、用词等，来推断他们的情感状态。例如，使用生气的语气和词汇可能表明愤怒情绪。

（2）面部表情

面部表情是情感信息的重要来源。个体能够从面部肌肉的运动、眼神等方面推断出他人的情感。例如，眉头紧皱和嘴角下垂可能暗示着悲伤。

（3）声音

声音的音调、音量、语调等也能传达情感信息。个体通过听取他人的声音特征，如愉悦的笑声、哀伤的声音等，来了解他们的情感体验。

（4）肢体语言

肢体语言包括姿势、动作、姿态等非语言行为。个体通过观察他人的肢体语言，如手势、姿态的变化，来推断他们的情感状态。

2. 情感的多样性和复杂性

人类情感的多样性和复杂性使情感识别成为一个具有挑战性的任务。不同的文化、背景和个人可能表现出相同情感的不同表达方式。情感还可能在短时间内迅速变化，个体需要灵活地捕捉这些变化以获取准确的情感信息。

（1）文化和背景的影响

情感的表达和识别在不同文化和背景中可能呈现出显著的差异。每种文化都有其独特的情感表达方式、情感价值观和情感规范。例如，在一些文化中，表达愤怒可能被视为失礼，而在另一些文化中其则可能被视为坦率。个体需要了解并适应不同文化中的情感表达方式，以准确地理解他人的情感体验。

（2）个体差异的影响

不同个体之间的情感表达和体验也可能存在差异。个体的性格、经历、性别、性取向等因素都可能影响他们对情感的感知和表达。例如，一个外向的人可能更容易表露自己的情感，而一个内向的人可能更加保守。个体需要考虑这些差异，以更好地理解他人的情感状态。

（3）情感的时变性

情感是动态的，可能在不同时间点和情境下发生变化。个体需要能够捕捉情感的瞬时变化，以获得准确的情感信息。例如，一个人在遭受挫折后可能会经历短暂的愤怒或沮丧，但这些情感可能很快转变为冷静和平静。

（4）情感的混合表达

情感往往不是孤立存在的，而是相互关联和交织的。个体可能同时经历多种情感，或者一种情感可能包含多个维度。例如，幸福情感可能伴随着兴奋、满足和愉悦等多种情感。个体需要能够辨认和解读这种混合的情感表达。

（5）情感的非语言元素

情感的表达不仅限于语言，还包括非语言元素，如面部表情、声音、肢体语言等。这些非语言元素可能更加直接地传达情感信息，因为它们往往更难被伪装。个体需要能够同时识别和解读这些非语言元素。

（6）情感的认知负荷

情感识别是一个认知负荷较大的任务，因为它需要个体同时处理多种信息源并进行综合判断。个体需要具备较强的观察力、注意力和信息加工能力，以应对复杂的情感信息。

3. 情感识别在人际互动中的作用

在人际互动中，情感识别能力是建立共鸣和理解的基石。个体能够通过识别他人的情感，更深刻地理解他们的内心体验。这有助于在沟通中更好地回应他人，表达出同情、理解或支持，从而加深双方之间的情感联系。

（1）增进理解和共鸣

情感识别能力使个体能够更准确地了解他人的情感体验和内心状态。通过识别他人的情感，个体能够更深刻地理解他们的想法、需求和意图。这有助于在人际交往中建立更深厚的理解和共鸣，使双方感到被理解和关心。

（2）促进情感支持和同理心

情感识别能力使个体能够更好地捕捉他人的情感需求。当他人处于情感困扰中时，个体能够准确地识别出他们的情感状态，从而提供相应的情感支持和安慰。此外，情感识别还能培养个体的同理心，使个体更能体会他人的情感，并以理解和尊重的态度回应。

（3）优化沟通效果

在人际交往中，情感往往是信息交流的重要组成部分。通过识别他人的情感，个体能够更好地解读言辞、语调、面部表情和肢体语言之间的情感线索，从而更全面地理解他人的意思。这有助于避免误解和歧义，优化沟通的效果。

4. 情感识别与人际关系质量

情感识别能力与人际关系质量密切相关。能够准确地理解他人的情感表达使个体更好地回应他人的需求，避免误解和冲突。情感识别能力强的个体往往能够建立更为亲近和融洽的人际关系。

（1）减少误解和冲突

情感识别能力使个体能够准确地辨认他人的情感表达，避免因误解而产生沟通障碍。在交流过程中，如果一个人能够准确识别出对方的情感状态，就能更好地理解他们的意图和需求，从而避免产生冲突或引起不必要的误解。

（2）增进理解和共鸣

通过情感识别，个体能够更深刻地理解他人的情感体验，建立起更为紧密的联系。当一个人能够准确察觉出他人的情感状态时，他们能够以同情、理解和尊重的态度回应，从而增进双方之间的理解和共鸣，提升人际关系的质量。

（3）促进情感支持和同理心

情感识别能力使个体能够更好地洞察他人的情感需求，从而提供恰当的情感支持和关怀。当一个人能够识别出他人的困扰或喜悦时，他们能够采取相应的行动，给予情感上的支持，从而提高了人际关系的质量。此外，情感识别还培养了个体的同理心，使他们更能体会他人的情感，这进一步加深了情感联系。

（4）促进积极互动和合作

情感识别能力能够使人际交往更加顺畅和愉悦。当个体能够识别出他人的情感时，他们能够更恰当地调整自己的表达方式，从而创造出更积极、友好的互动氛围。这有助于促进合作和共同努力，增进人际关系的稳定和发展。

（二）情感理解

情感理解是情感智力的另一个重要方面。它涉及个体对他人情感经历的理解和共鸣。通过情感理解，个体能够更深入地洞察他人的情感动机、需求和反应。这种共鸣和同理心有助于建立积极的人际关系和合作。在合作中，情感理解使个体能够更好地适应他人的情感需求。例如，在团队合作中，理解队友的情感状态可以帮助个体更好地提供支持，解决问题，以及调整沟通方式，从而更好地实现团队目标。

1. 增进亲近感和共鸣

情感理解能够使个体更深入地洞察他人的情感体验，从而建立起更为紧密的联系。通过理解他人的情感动机、需求和反应，个体能够体验到共鸣和同情，这有助于增进亲近感和情感联系。在友情、亲情和职场关系中，情感理解能够提高人际关系的质量，使之更为深厚和稳固。

（1）建立共鸣和同情

情感理解使个体能够更深入地洞察他人的情感动机、需求和反应。当个体能够理解他人的情感体验时，他们更容易感受到共鸣和同情。这种共鸣可以建立在对他人情感的共同体验上，从而增进情感联系和理解。

（2）加深亲近感

通过情感理解，个体能够更好地了解他人的内心世界和情感状态。这种深入的了解有助于加深人际关系中的亲近感。朋友、伴侣和家人之间的情感理解可以加强彼此之间的情感纽带，使关系更加紧密和亲密。

（3）促进信任建立

情感理解能够创造信任的基础。当个体能够理解他人的情感，并表现出真诚的关心和支持时，他们更容易获得他人的信任。信任是人际关系中不可或缺的要素，通过情感理解可以建立起更为牢固的信任关系。

2. 促进有效沟通

情感理解能够提高个体的沟通效果。当一个人能够理解他人的情感背景和情感需求时，他们能够更好地选择合适的表达方式，以便将信息传达给对方。这有助于避免误解和冲突，促进有效的双向沟通，从而在合作中达成更好的共识和协作。

（1）准确捕捉意图和需求

情感理解使个体能够更好地捕捉他人沟通的意图和需求。了解对方的情感背景和情感状态，有助于解读其言辞和行为背后的情感含义。这样，个体可以更准确地理解对方的意图，避免误解，从而实现有效沟通。

（2）避免误解和冲突

通过情感理解，个体可以更好地理解他人的情感状态，避免因为情感表达不当而引发的误解和冲突。个体能够更敏感地察觉他人情感的变化，从而避免因误解而产生的不必要的沟通障碍。

（3）提高同理心和共鸣

情感理解培养了个体的同理心和共鸣能力。当个体能够理解他人的情感体验时，他们更有可能站在对方的角度思考问题，体验到共鸣。这种情感共鸣能够促使个体更为关注他人的感受，从而使沟通更加温暖和有效。

3. 支持团队合作

在团队合作中，情感理解对于团队的凝聚力和协同效率至关重要。团队成员之间情感的理解和共鸣有助于建立互信和友好的氛围，从而增强了合作意愿。团队中的成员能够更好地理解彼此的需求和情感状态，通过适时的支持和关怀，进一步提高合作的效果。

（1）建立互信和友好的氛围

情感理解有助于在团队中建立互信和友好的氛围。成员之间能够更好地理解彼此的情感状态和需求，进而培养出相互尊重和关心的态度。这种积极的情感氛围为团队成员之间的沟通和合作创造了有利条件。

（2）增强合作意愿

通过情感理解，团队成员更容易产生共鸣和情感联系。这种情感共鸣能够促使成员更愿意为了团队的共同目标合作，因为他们更理解对方的动机、愿望和情感需求。成员在彼此之间建立了情感联系后，更愿意在困难时互相支持，提升整个团队的合作意愿。

（3）提高协同效率

在团队中，情感理解有助于提高协同效率。了解队员的情感状态和需求使得团队成员更能够协调行动，减少不必要的误解和冲突。情感理解能够让团队成员更精准地选择沟通方式、协作策略和决策方式，从而实现更高效的团队合作。

（三）情感表达

情感表达是情感智力的重要组成部分，它涉及以适当的方式将情感传达给他人。在人际互动中，有效的情感表达是建立健康关系的关键。适当的情感表达能够增进沟通的效果，减少误解和冲突。个体通过情感表达能够分享自己的情感体验，让他人了解自己的情感状态，从而建立更加亲近的连接。例如，一个个体能够通过适当的情感表达，向他人表达感激之情，这会增进他们之间的信任和合作。

1. 减少误解和冲突

适当的情感表达有助于减少误解和冲突的发生。个体通过情感表达可以将自己的内心体验传达给他人，让他人更好地理解自己的情感状态。这有助于避免他人对个体的情感状态产生猜测或误解，从而减少不必要的冲突。通过表达自己的情感需求和立场，个体能够更好地解释自己的行为和想法，从而避免了因误解而产生的负面影响。

2. 建立亲近的连接

情感表达是建立亲近关系的关键。个体通过情感表达能够分享自己的情感体验，让他人了解自己的情感状态。这种开放和真实的表达能够增进信任，建立起更为亲近和深厚的连接。情感表达还能够促进共鸣和同理心的产生，因为他人能够更好地理解个体的内心世界，从而感受到情感上的共鸣。通过共鸣，个体和他人之间的情感联系得以加强，关系变得更为牢固。

（四）情感调节

情感调节是情感智力的关键方面，它指个体如何管理和调节自己的情感。在人际关系中，情感调节能力直接影响着个体的行为和互动方式。

1. 情感调节与冷静思考

情感调节使个体能够在情绪激动时保持冷静，并进行理性思考。这种能力在人际冲突和问题解决中具有重要意义。当个体能够通过情感调节控制情绪，他们便能够更好地分析问题，评估不同选项，并采取更有建设性的行动。情感调节帮助个体暂时将情绪放置一旁，从而更好地冷静思考，并在人际争议中采用合适的言辞和方法。

（1）冷静思考的关键性

情感调节能够帮助个体在情绪激动的状态下保持冷静，并进行冷静思考。情绪过于激动可能导致决策的偏差和行为的冲动，而情感调节能够帮助个体暂时将情绪放置一旁，从而个体能够更好地冷静思考。在人际冲突中，冷静思考能够避免情绪化的争吵和冲突的升级，从而寻求更为理性和有建设性的解决方法。例如，在家庭中，当父母与孩子发生冲突时，情感调节能够帮助父母在冷静思考后，选择更适合的方式来引导和解决问题，而不是通过情绪驱使做出冲动的决定。

（2）问题解决的效果提升

情感调节使个体能够更好地分析问题，并评估不同选项。在问题解决中，冷静思考能够帮助个体更全面地考虑各种因素，并做出更为理性和明智的决策。情感调节能够帮助个体将情绪从决策中分离出来，避免情绪对判断的影响，从而提升问题解决的效果。例如，在职场中，面对复杂的业务问题，个体通过情感调节能够避免情绪的干扰，更集中地进行冷静思考，找到最佳的解决方案。

（3）人际冲突的缓解与合作的促进

情感调节在人际冲突的处理中具有重要作用。个体能够通过情感调节控制情绪，从而在冲突中保持冷静和理性的态度。这有助于避免情绪爆发和争吵，从而创造出更好的解决环境。此外，在合作中，情感调节能够帮助个体更好地处理合作伙伴的情感需求，从而增进合作的效果。例如，在团队合作中，情感调节能够帮助个体在处理团队内部分歧时保持冷静，避免情感冲突的发生，促进团队的协作和和谐。

2. 情感调节与争论管理

情感调节在争论和冲突管理中起着关键作用。在人际关系中，争论是常见的现象，但情感调节能力强的个体能够在争论中保持冷静和理性的态度。他们能够有效地控制情绪的表达，避免情绪爆发，保持讨论的平和氛围。这有助于减少争论的升级，更好地解决问题，维护人际关系的和谐。举例来说，一个在团队中出现分歧的个体，通过情感调节能够避免情绪化的对抗，采用平和的态度，从而更好地管理争论，找到解决方案。

（1）保持冷静的态度

情感调节能够帮助个体在争论中保持冷静的态度。人在争论时情绪往往容易激动，但情感调节能力强的个体能够暂时将情绪搁置一旁，以更冷静的心态来应对争论。这种冷静有助于避免情绪化的冲突升级，从而使双方能够更集中地关注问题的本质，而不是陷入情感的旋涡。例如，在家庭中，夫妻可能因为意见不合而产生争执，但通过情感调节，他们能够保持冷静，更好地探讨问题，避免了无谓的争吵。

（2）控制情绪表达的方式

情感调节能够帮助个体有效地控制情绪的表达方式。争论中，情绪的表达往往会影响双方的沟通和理解。情感调节能力强的个体能够选择适当的语言和方式来表达自己的观点，避免过于激烈的言辞和情绪化的语气。这有助于维持讨论的平和氛围，减少攻击性的言辞，从而促进有效交流。举例来说，在职场中，团队成员因工作分配产生分歧时，情感调节能够帮助个体以冷静、理性的方式表达自己的意见，从而促进有效讨论。

（3）维护人际关系的和谐

情感调节在争论管理中有助于维护人际关系的和谐。争论往往会对关系造成一定的冲击，但通过情感调节，个体能够更好地处理争论，避免争论对关系造成永久性的损害。情感调节能够帮助个体避免情绪化的言辞和攻击性的行为，保持双方的尊重和合作意愿，从而维护人际关系的稳定。例如，在友情中，朋友之间可能会因为不同的看法产生争论，但通过情感调节，他们能够在争论后依然保持友好关系，不让争论影响整体的友情。

3. 情感调节与情感表达的协调

情感调节能力使个体能够在情感表达中做出恰当的调整。在人际交往中，情感表达的方式和程度往往影响着交流的效果。情感调节帮助个体根据情境和对方的情感状态，选择合适的表达方式。这有助于确保情感表达能够有效地传达个体的意图，减少误解和冲突。例如，一个人在争论中能够通过情感调节选择适当的措辞，避免激化冲突，从而更好地保持交流的平稳。

（1）适应情境和对方情感状态

情感调节使个体能够根据情境和对方的情感状态，调整自己的情感表达。不同的情境和人际关系需要不同的情感表达方式。情感调节能力强的个体能够敏感地察觉到情感氛围，从而选择适当的情感表达方式。例如，在一个悲伤的场合，个体会通过情感调节选择温和的表达，以尊重他人的情感，而不是过于活跃的情感表达，从而达到与情境相符的交流效果。

（2）减少误解和冲突

情感调节与情感表达的协调有助于减少误解和冲突。情感表达不当往往会导致对方误解个体的意图，甚至引发冲突。通过情感调节，个体能够选择恰当的表达方式，避免过于激烈的情感表达，从而减少对方的防御和攻击性反应。情感调节能力强的个体能够在情感表达中避免过度的情绪化，使交流更加理性和平稳，从而降低误解和冲突的发生率。

（3）建立信任和共鸣

情感调节与情感表达的协调有助于建立信任和共鸣。当个体能够恰当地表达自己的情感，并理解对方的情感需求时，双方能够更加接近，建立起共鸣和亲近感。情感调节能力强的个体能够通过适当的情感表达，传达出对对方的关心和理解，从而增进交流的质量。例如，在恋爱关系中，一个能够通过情感调节表达出自己的情感，并理解对方情感的人，能够建立起更为稳固的信任和感情连接。

4. 情感调节与积极的人际互动

情感调节有助于促进积极的人际互动。个体能够通过情感调节管理情感，避免情绪爆发和过度情绪化。这使得个体能够在交往中保持积极的态度，吸引他人的注意，促进深入的交流和合作。情感调节还有助于个体更好地理解他人的情感状态，从而更好地回应他人，建立更为亲近的关系。例如，在社交场合中，一个具有情感调节能力的个体能够控制情感的外显，从而更好地参与积极的互动。

（1）情感调节的情绪管理

情感调节能力使个体能够更好地管理情绪，从而在人际互动中保持冷静和理性。个体能够避免过度情绪化的反应，如愤怒、焦虑等，从而减少冲突和紧张局势的发生。这种情感调节有助于创造积极的交往氛围，使互动更加顺畅和愉悦。举例来说，一个能够通过情感调节控制情绪的个体，在团队合作中能够有效地与他人合作，减少争吵和摩擦，从而提高合作效率。

（2）情感理解与同理心

情感调节有助于个体更好地理解他人的情感状态，进而表现出更多的同理心。通过情感调节，个体能够在交往中更敏感地察觉他人的情感需求和情感表达。这使得个体能够更准确地回应他人，展现出对他人的关心和理解，从而加深人际互动的积极性。例如，在朋友圈中，一个具备情感调节能力的人能够根据朋友的情感状态，适时地提供支持和鼓励，从而增进友谊的深度。

（3）积极情感的传播

情感调节能力使个体能够有效地传递积极情感，从而影响他人的情绪和态度。个体通过情感调节，能够表现出乐观、友善、包容等积极的情感，这将在人际互动中产生良好的影响。积极情感的传播有助于打破僵局、化解紧张，促进深入的交流和合作。举例来说，一个能够通过情感调节传递积极情感的个体，在团队中能够提高团队成员的士气，激发创造力，推动项目的进展。

二、情感因素在欺凌和暴力行为中的作用

情感因素在欺凌和暴力行为中起着重要作用，这种行为往往涉及情感的表达和调节。

（一）情感表达不当

欺凌和暴力行为往往可以被视为情感表达不当的一种方式。个体可能因为无法有效地表达自己的情感，如愤怒、挫折、不满等，转而采取攻击性的行为来表达这些情感。例如，一个受到挫折的个体可能因为无法妥善处理自己的失落情感，而选择欺凌他人来获得一种虚假的优越感，以此来减轻自己的情感压力。

1. 情感困扰和表达方式选择

个体面临情感困扰时，常常无法健康地表达自己的情感。情感困扰可能源自个体遭遇的挫折、自卑感、愤怒等情感体验。这些情感可能产生内在的压力和不适，使个体想要通过某种方式来宣泄或减轻这些情感。欺凌和暴力行为往往是一种错误的应对方式，个体可能会选择攻击他人，以获取一时的满足感和控制感。例如，一个受到职场挫折的个体可能因为无法妥善处理自己的失落情感，转而选择欺凌同事，将负面情绪转嫁给他人，从而暂时减轻自己的情感压力。

2. 情感调节困难和攻击性行为

情感调节困难是另一个导致情感表达不当的因素。个体可能由于情感调节能力不足，无法适当地处理自己的情感体验。这可能导致情绪的积累和爆发，使得个体更容易受到情绪的驱使，采取冲动的攻击性行为。在情感高涨时，个体可能难以控制情感，进而做出激烈的行为，如言语上的攻击或身体上的暴力。情感调节困难可能让个体无法有效地冷静思考和选择适当的行为方式，从而陷入情感表达不当的陷阱。

3. 情感误解和情感表达方式

个体对情感的误解可能导致不适当的情感表达方式，进而产生冲突和暴力。情感误解指的是个体错误地解读他人的情感表达，导致产生误解或敌意。这种误解可能触发攻击性的反应，从而引发欺凌和暴力行为。例如，一个个体可能会将他人的友好意图误解为嘲笑或挑衅，从而产生攻击的情感反应。这种误解和敌意可能使个体采取攻击性行为，以应对他们所感受到的情感威胁。

（二）情感调节困难

情感调节困难可能导致个体更容易陷入情绪驱使的状态，从而采取冲动和攻击性的行为。个体可能因为缺乏有效的情感调节策略，无法将情感用适当的方式加以处理，导致情绪的积累和爆发。这种情况下，个体可能在情感高涨时更容易采取暴力或欺凌行为，将内心的不适转嫁给他人。

1. 情感表达不当

情感调节困难可能导致个体无法适当地表达自己的情感。面对强烈的情感体验，个体可能在情感表达方面失去平衡，过度强调情感的外显。例如，一个情感调节困难的个体在愤怒时可能会采取激烈的情感表达方式，如大声争吵或恶言相向。这种不适当的情感表达可能会误导他人对个体情感状态的理解，从而引发冲突和误解。

2. 冲动行为

情感调节困难可能使个体更容易受到情绪的驱使，导致冲动的行为。在情感高涨时，个体可能因为无法有效地控制情绪而作出仓促和冲动的决策。这可能包括情感性的暴力行为或攻击性的争吵。例如，一个情感调节困难的个体可能在情感冲突中因情绪爆发而采取攻击性的姿态，而不顾后果和对他人的影响。

3. 情感的积累与爆发

情感调节困难可能导致个体内部情感的积累，因为他们无法有效地释放和调节情感。这种情感的积累可能在某一时刻爆发出来，使个体在情感高涨时表现出不适当的行为。情感的积累可能加剧情绪的不稳定性，从而使个体更容易在情感峰值时产生暴力冲动。情感的爆发可能对个体和他人造成伤害，同时也可能加剧人际关系的紧张度。

（三）情感压力

情感压力可能成为欺凌和暴力行为的一种诱因。个体面临情感压力时，可能出于寻求释放或转移，将情感转移到他人身上，从而通过欺凌或暴力来减轻内心的痛苦。例如，个体可能因为受到来自家庭、学校或社会的压力，而通过欺凌他人来获得一种短暂的情感宣泄，将自己的情感压力转移到他人身上。

1. 情感转移

个体在面对情感压力时，可能会试图通过将情感转移到他人身上来减轻自身的负担。这种情感转移可能表现为欺凌和暴力行为，个体将自己的情感压力和不满情绪转嫁给他人，从而感觉自己获得了一定的控制和解脱。例如，一个在学校受到学习和社交压力的学生可能会通过欺凌其他同学来减轻自己的情感焦虑。

（1）情感压力与转移行为

情感压力是情感转移的触发因素之一。个体在面对来自外部环境和内部情感的压力时，可能感受到情感上的不适和负担。这种情感压力可能包括学业、职业、家庭等方面的压力，个体会感到困扰和焦虑。为了减轻这种情感负担，个体可能寻求一种途径来转移自己的情感，从而使自己内心的痛苦得到暂时的减轻。

（2）情感转移的不良形式：欺凌和暴力

情感转移的一种不良表现形式是将情感转移到他人身上，从而导致欺凌和暴力行为。个体可能将自己的情感压力和不满情绪投射到他人身上，通过控制、恐吓或攻击来获得一种短暂的情感宣泄。例如，一个情感压力较大的个体可能会因为无法有效应对自己的情感困扰，而选择欺凌他人，从而转移自己的情感压力。

（3）心理机制与社会影响

情感转移背后涉及一系列心理机制，如投射、逃避等。个体可能通过将自己的情感投射到他人身上，以此来减轻内心的不适。然而，这种转移并未真正解决个体内部的情感问题，反而可能引发更多的冲突和问题。在社会层面上，情感转移的行为可能导致人际关系的恶化，破坏社会和谐。被转移情感的他人可能遭受不必要的伤害，从而引发更多的负面情感和行为。

2. 情感宣泄

情感压力可能导致个体内心的紧张和痛苦，而欺凌和暴力行为可能成为一种情感宣泄的途径。个体可能通过对他人施加暴力来释放内心的情感紧张和愤怒，以此来缓解自己的情感压力。例如，一个面临工作和家庭压力的个体可能会在家庭中采取暴力行为，将自己的情感压力转移到家人身上。

（1）情感宣泄的机制

情感宣泄作为一种应对机制，涉及个体通过某种行为或方式来释放和减轻内心的情感压力。情感宣泄的过程涉及情感的表达、释放和解脱。在面对情感压力时，个体可能会选择不同的宣泄方式，其中一种方式是通过欺凌和暴力行为来表达内心的愤怒、痛苦和紧张。这种方式往往具有即时的情感释放效果，但其长期影响可能是负面的。

（2）影响和问题

a. 伤害他人和自己

以欺凌和暴力行为作为情感宣泄的方式可能对他人和自己造成伤害。被宣泄对象可能受到身体和心理上的伤害，而宣泄者也可能因为自己的行为感到内疚和后悔。

b. 循环效应

欺凌和暴力行为作为情感宣泄的方式往往并没有解决问题，反而可能加剧负面情绪并导致循环效应。宣泄者可能会在日常生活中反复使用这种方式，导致不断重复的暴力行为。

c. 社会关系恶化

采用欺凌和暴力行为来宣泄情感可能导致社会关系的恶化。他人可能会感到害怕、不安和疏远，进而导致宣泄者的社会孤立。

d. 法律后果

欺凌和暴力行为可能违反法律规定，导致法律后果。宣泄者可能面临法律诉讼和刑事指控，进一步加剧其处境。

（3）健康的情感宣泄方式

a. 沟通和表达

沟通和表达情感是健康的情感宣泄方式。与他人分享自己的感受和情感，寻求理解和支持，有助于减轻内心的情感压力。

b. 体育锻炼

运动可以释放身体累积的压力和紧张情绪，有助于提升情绪状态。

c. 艺术创作

绘画、写作、音乐等艺术创作是一种积极的情感宣泄方式，个体可以通过创作表达内心感受。

d. 放松技巧

深呼吸、冥想和放松练习有助于缓解情感紧张，促进内心平静。

3. 情感的控制和支配

情感压力可能使个体感到无法控制自己的情感状态，从而试图通过欺凌和暴力来获得一种对他人情感的控制和支配感。个体可能认为通过对他人施加暴力可以获得一种优越感和权力感，从而减轻自己情感压力带来的无力感。例如，一个在社交环境中受挫的个体可能会试图通过欺凌来获得对他人的支配感，以弥补自己内心的不安。

（1）情感的控制和支配现象

情感的控制和支配表现为个体试图通过欺凌和暴力行为等方式来获得对他人情感的控制和支配。个体可能认为通过这种行为，他们能够在关系中占据更强的地位，获得一种优越感和权力感。这种行为可能是对个体情感压力和内心不安的一种应对方式，其试图通过支配他人来减轻自己的情感困扰。

（2）影响和心理机制

a. 自尊问题

情感的控制和支配可能与个体的自尊和自我认同有关。个体可能试图通过支配他人来强化自己的自尊，以弥补自尊受损的感觉。然而，这种方式往往是不健康的，可能导致恶性循环。

b. 情感调节策略

个体在面对情感压力时会选择不同的情感调节策略。一些人可能选择积极的方式，如情感表达和倾诉，而另一些人可能会倾向于消极的方式，如情感控制和支配。这取决于个体的性格、经历和社会背景等因素。

c. 权力和支配欲望

某些个体可能天生具有强烈的权力和支配欲望，他们希望在社会互动中占据主导地位。这种欲望可能导致他们试图通过欺凌和暴力行为来实现对他人的支配。

d. 社会环境影响

社会环境中的文化、家庭教育和同辈关系等因素也可能影响个体的情感控制和支配行为。在某些文化中，支配和权力被视为积极的特质，其可能促使个体采取支配行为。

第三节　社会情感在教育环境中的发展和培养

一、情感教育的策略和课程内容

情感教育在教育环境中扮演着重要的角色，它旨在培养学生的情感智力和人际关系技能，以促进他们健康成长并适应社会。为了实现有效的情感教育，教育者需要采取一系列策略和提供丰富的课程内容。

（一）培养情感认知能力

情感认知能力是情感教育的基石。课程可以引导学生从自我观察和反思开始，了解自己的情感体验。学生可以通过情感日记、情感日志等方式记录并分析自己在不同情境下的情感变化。此外，教育者还可以通过情感图谱、情感识别训练等活动，帮助学生识别和区分不同的情感，从而促进情感的意识化。通过这些活动，学生将逐渐建立起对自己情感的敏感性，为后续的情感调节打下坚实的基础。

1. 自我观察和反思

情感认知能力的培养需要学生从自我观察和反思开始。学生应该被鼓励在日常生活中留意自己的情感体验，并记录下来。情感日记是一种有益的工具，可以让学生记录下自己在不同情境下的情感变化、触发因素及情感的强度和持续时间。通过日记，学生可以逐渐建立对自己情感的觉察，形成自我了解的习惯。

2. 情感图谱和情感识别训练

情感图谱是一种可视化工具，可以帮助学生更清晰地理解不同情感之间的联系和特征。教育者可以引导学生绘制情感图谱，将不同情感及它们的衍生情感进行分类和连接。这有助于学生更好地理解情感的复杂性和多样性。

此外，情感识别训练是培养情感认知能力的重要手段之一。教育者可以通过图片、视频或情感表情等方式，让学生练习识别不同情感的表现形式。这有助于学生更准确地识别他人的情感体验，从而增强他们在人际交往中的情感敏感性。

3. 情感的意识化和情感词汇的丰富

情感意识化是培养情感认知能力的关键。教育者可以引导学生深入思考和描述自己的情感体验。通过问询问题，如“你最近感觉如何？”“你对这个情境有什么情感反应？”等，帮助学生将情感从模糊的状态转化为明确的意识。同时，教育者还应鼓励学生丰富情感词汇，以更精确地表达情感体验，例如不仅仅用“难过”来形容情感，还可以使用“失望”“沮丧”等词汇来描述不同的情感状态。

（二）情感调节技能的培养

情感调节技能是情感教育中的核心内容。教育者可以通过情感调节训练，教导学生有效的情感调节策略。例如，教授学生情感放松技巧，如深呼吸和冥想，以帮助他们在情感高涨时保持冷静。此外，教育者还可以借助角色扮演、情感模拟等活动，让学生模拟情感挑战的场景，从而练习如何在情感激动时采取合适的应对措施。这些实践性的训练有助于学生逐渐提升情感调节的能力，使其能够更好地管理和表达情感。

1. 情感放松技巧的教授

情感放松技巧是情感调节的重要组成部分。教育者可以向学生介绍不同的情感放松技巧，如深呼吸、渐进性肌肉松弛法和冥想等。这些技巧有助于学生在情感高涨时降低身体的紧张度，从而使情感得到调节。例如，深呼吸可以帮助学生缓解紧张情绪，冥想可以帮助他们平静思绪，让他们更有能力以冷静的态度应对挑战性情境。

2. 情感应对策略的实践

情感调节技能的培养需要学生有实际的应用机会。教育者可以通过角色扮演、情感模拟等活动，让学生亲身体验情感挑战的情境，并引导他们探索适当的情感应对策略。例如，在模拟的情境中，学生可以扮演受到挫折打击的角色，然后尝试运用情感放松技巧和积极思维来化解负面情感。通过这种实践，学生可以更好地理解不同情感调节策略的效果，为实际生活中的应对提供参考。

3. 情感自我监控和反馈

培养情感调节技能需要学生持续地监控和反馈自己的情感调节过程。教育者可以引导学生定期进行情感自我评估，思考自己在情感激动时的表现和应对方式。通过反思，学生可以识别出有效的情感调节策略和需要改进的地方。此外，教育者还可以引导学生制订情感调节计划，明确在不同情境下采取何种策略，从而更有针对性地应对情感挑战。

（三）培养人际交往技能

情感教育也应关注学生的人际交往技能。课程可以包括如何积极倾听他人、如何表达自己的观点和情感，以及如何建立互信和共鸣等内容。教育者可以组织角色扮演、小组讨论和合作项目等活动，让学生在实际情境中锻炼人际交往技能。同时，教育者还可以通过讨论实际案例，引导学生思考如何在不同情境下建立良好的人际关系，培养他们的情感智力。

1. 积极沟通与倾听技能的培养

学生需要学习如何在交流中表达自己的情感和观点，同时也要学会倾听他人的情感和需求。教育者可以引导学生了解非语言沟通的重要性，如眼神接触、肢体语言等，以及如何在交流中保持开放和尊重的态度。通过角色扮演和模拟情境，学生可以练习积极倾听和适当表达的技巧，从而提升人际交往的质量。

2. 共情与同理心的培育

学生需要理解他人的情感体验、需求和感受，并能够在交往中表现出关心和理解。教育者可以通过情感故事、角色扮演和小组讨论等方式，让学生从不同角度去体验他人的情感，从而培养他们的共情能力。此外，通过分析实际情感冲突案例，学生可以更深入地理解如何运用同理心来解决问题，维护人际关系的和谐。

3. 建立健康的人际关系

教育者可以引导学生认识到人际关系的重要性，以及如何在关系中建立和维护互信和共鸣。课程可以涵盖有效的冲突解决技巧，如合作、妥协和积极地沟通，以帮助学生处理人际冲突。通过模拟情境和角色扮演，学生可以实践这些技能，从而更好地适应不同的人际互动环境。

（四）情感解决问题策略

情感教育还应该强调情感解决问题的策略。课程可以教导学生如何在情感冲突和分歧中保持冷静，并采取积极的解决方法。教育者可以通过案例分析、角色扮演等方式，让学生探讨如何在情感挑战中找到平衡和解决方案。这些活动不仅能帮助学生应对现实中的情感问题，也培养了他们的问题解决能力和情感智慧。

1. 情感智慧的培养

情感教育的目标之一是培养学生的情感智慧，使他们能够更加理解自己和他人的情感，从而更好地解决问题。教育者可以通过情感案例分析、情感挑战角色扮演等方式，引导学生从多个角度思考问题，评估不同的情感反应和可能的后果。通过这样的练习，学生可以逐渐培养出对情感挑战的深刻理解和应对策略。

2. 冷静思考与合理表达

情感解决问题需要学生能够在情感冲动中保持冷静，并通过合理的表达方式来传达自己的观点。教育者可以引导学生在情感挑战出现时，采取深呼吸、放松等方式来冷静下来，从而更好地分析问题的本质。此外，教育者还可以通过角色扮演和讨论，教授学生如何在冷静的状态下表达自己的情感需求，避免情感爆发和冲突升级。

3. 积极解决冲突的技巧

情感教育也应该关注学生在情感冲突中采取积极解决问题的技巧。教育者可以教授学生如何运用合作、妥协和沟通等策略，以促进问题的解决和人际关系的维护。通过实际情感冲突案例的讨论和分析，学生可以学会如何在情感压力下保持冷静、寻求共同利益，并寻找解决方案，从而更好地解决问题。

（五）情感故事和案例分享

情感故事和案例分享是情感教育中的有力工具。教育者可以选择一些真实或虚构的情感故事和案例，通过讨论和分析，帮助学生理解情感智力的应用场景。学生可以从中汲取情感调节和人际交往的经验，将抽象的概念转化为实际行动。同时，这些故事和案例也可以激发学生的情感思考，让他们更深刻地理解情感在人际关系中的作用。

1. 情感智力的实际应用

通过情感故事和案例分享，教育者可以向学生展示情感智力在现实生活中的应用。故事可以涉及成功解决冲突的案例、情感困扰的克服经历等。通过讨论和分析，学生可以理解情感智力如何影响人际关系和问题解决。例如，一个关于如何通过情感调节在家庭中缓解紧张氛围的案例，可以引导学生思考情感智力对于家庭和谐的重要性，以及如何在实际情境中应用情感调节技巧。

2. 人际交往技巧的展示

情感故事和案例分享还可以展示人际交往技巧的运用。教育者可以选择涉及积极沟通、同理心、合作等方面的案例，让学生看到这些技巧如何在现实中产生积极影响。例如，一个关于如何通过倾听和共情改善友谊的故事，可以帮助学生理解积极的人际交往技巧如何在亲密关系中起到关键作用，并激发他们在实际中运用这些技巧的动力。

3. 情感思考和共鸣的启发

情感故事和案例还可以激发学生的情感思考和共鸣。通过听取他人的情感经历，学生可以更深入地理解不同情感体验和情感需求。这有助于培养学生的同情心和共鸣能力，让他们能够更好地理解他人，从而在人际交往中更具敏感性和包容性。

二、培养学生的同理心、情感表达与冲突解决能力

（一）同理心的培养

学生需要学会站在他人的角度看问题，理解他人的情感和需求。通过角色扮演、情感分享和小组讨论，学生可以培养同理心，从而更好地与他人建立连接。

1. 角色扮演的实践

通过扮演不同的角色，学生可以从不同的视角来思考和感受问题，从而更好地理解他人的情感体验。教育者可以设计情境，让学生模拟他人的情感和处境，从而培养他们换位思考的能力。例如，学生可以扮演一个与自己完全不同的人物，体验他们的情感和挑战，从而促进学生对他人情感的理解和共鸣。

（1）角色扮演的设计和实施

在情感教育中，角色扮演的设计应该精心策划，确保情境和角色能够有效地引发学生的情感共鸣和思考。教育者可以选择具有挑战性的情境，例如人际冲突、情感挫折等，然后为学生分配不同的角色。这些角色可以是与学生现实生活中不同的人物，也可以是与学

生情感经验有关的角色。

（2）培养换位思考能力

角色扮演的一个重要目标是培养学生的换位思考能力。通过扮演不同的角色，学生需要从他人的视角来思考问题，理解他人的情感和需求。这种练习有助于打破以自我中心的思维，使学生更能够体会和尊重他人的情感体验。例如，学生可以扮演一个与自己性格截然不同的角色，从而更深入地理解不同人的情感和行为动机。

（3）促进情感表达和冲突解决

角色扮演还可以帮助学生练习情感表达和冲突解决的能力。在模拟的情境中，学生需要真实地表达角色的情感，并寻求解决问题的方法。这种实践有助于学生在安全的环境中锻炼情感表达的技巧，同时学会更有效地解决冲突。例如，学生可以扮演两位在工作中发生分歧的同事，通过角色扮演来练习如何以理性和尊重的方式解决问题。

2. 情感分享的交流

学生通过分享自己的情感体验，他们能够更好地理解他人的情感，因为大家都有类似的情感经历。教育者可以引导学生分享自己的喜怒哀乐，同时鼓励他们倾听他人的分享。这种互相开放的交流可以增强学生的共鸣能力，让他们更加敏锐地感知他人的情感需要。

（1）情感分享的价值和目标

情感分享的主要价值在于让学生能够更深入地理解和感受他人的情感体验。当学生分享自己的情感时，他们可能会涉及自己的困扰、挫折、喜悦等真实情感，这种真实性能够引发他人的共鸣。同时，通过倾听他人的分享，学生也能够更好地了解不同人的情感需求，培养同理心和关爱他人的能力。

（2）引导情感分享的方法

教育者在引导情感分享时，可以采取一些策略来营造安全和开放的氛围。首先，教育者可以分享自己的情感经历，以鼓励学生敞开心扉。其次，教育者可以通过开放性的问题来引导学生的分享，例如“你最近经历了什么让你感到高兴的事情？”或者“你曾经遇到过怎样的情感挑战？”此外，教育者还可以组织小组讨论、情感分享圈等活动，让学生在小范围内进行情感分享，增加互动和共鸣的机会。

（3）培养共鸣和人际关系

通过情感分享，学生可以在真实的情感体验中找到彼此的共鸣点。他们可能会发现自己不是孤单的，很多人都有类似的情感经历。这种共鸣能够促进学生之间的情感连接，增强彼此的理解和支持。同时，情感分享还能够提升人际关系的质量，让学生更加敏感地体察他人的情感状态，从而更好地回应和支持他人。

3. 小组讨论的合作学习

在小组讨论中，学生可以通过与他人的交流和讨论，了解不同的观点和情感体验。教育者可以设计情感话题，鼓励学生就某个情感主题展开讨论，如友情、家庭关系、人生挫折等。通过共同探讨，学生可以从他人的经验中获取启发，增强对多样情感的理解和尊重，从而培养起同理心。

（1）小组讨论的价值和意义

小组讨论能够为学生提供一个开放的平台，使他们能够分享自己的情感体验，并倾听他人的观点。通过互相交流，学生能够认识到不同人的情感经历和情感需求的多样性，从而增强尊重和包容的态度。同时，小组讨论还能够培养学生的合作和团队合作意识，提升他们在团体中的人际交往技能。

（2）设计情感话题的方法

教育者在设计小组讨论时，可以选择涵盖不同情感话题的内容。这些话题可以涉及友情、家庭关系、人生挫折、幸福感等。教育者可以通过提问、引导性问题或者情感案例，引发学生的讨论兴趣，促使他们分享自己的情感体验和观点。同时，教育者还可以在讨论之前提供一些背景信息，引导学生从多个角度思考情感话题。

（3）培养同理心的机会

在小组讨论中，学生能够从他人的经验中获取启发，培养同理心。他们可以通过倾听他人的分享，了解不同人在情感挑战中的感受和思考。这种从他人角度出发的思考方式有助于拓宽学生的情感视野，让他们更加理解和尊重他人的情感体验。通过互相分享和倾听，学生能够在交流中培养出更加包容和关心的情感智力。

（二）情感表达能力的培养

课程可以包括情感表达的方式、语言和非语言表达，以及如何在不伤害他人情感的情况下，真实地表达自己的情感。

1. 情感表达的方式与技巧

学生需要学会使用适当的情感表达方式和技巧。情感表达不仅仅包括语言，还包括非语言的元素，如面部表情、肢体语言和声音语调。教育者可以通过角色扮演、模拟对话等活动，让学生在安全的环境中练习不同情感状态下的表达方式。例如，学生可以模拟生气、开心、紧张等情感，并尝试用语言和身体语言表达这些情感，从而提升他们的情感表达技能。

此外，教育者还可以介绍一些情感表达的技巧，如直接表达情感、使用“I”语句、倾听对方的反馈等。通过教导这些技巧，学生可以更加准确地传达自己的情感，让他人更容易理解他们的情感体验。

2. 真实性与尊重的平衡

情感表达需要在真实性和尊重之间取得平衡。学生需要学会如何坦诚地表达自己的情感，同时注意他人的情感反应。教育者可以通过案例分析和角色扮演，让学生思考如何在情感表达中综合考虑自己和他人的感受。例如，他们可以讨论在不同情境下如何适度表达负面情感，以避免过度情绪化或伤害他人情感。

这种平衡的培养有助于学生在情感交流中建立信任和亲近感。他们可以更加自信地表达自己的情感，同时也能够理解并尊重他人的情感体验，从而促进良好的人际关系形成。

3. 情感表达技能的实际应用

情感表达技能的实际应用是情感教育的重要目标之一。教育者可以设计情景模拟和角色扮演活动，让学生在虚拟的情感场景中练习情感表达。例如，他们可以模拟面试、团队合作、家庭对话等情境，通过角色扮演来实践不同情感的表达方式。

此外，邀请专业人士来分享情感表达在现实生活中的应用也是一种有效的方法。专业人士可以分享职场中的情感沟通技巧、家庭中的情感表达经验等，让学生了解情感表达在各种环境下的重要性和技巧。通过实际案例和专业经验的分享，学生可以更好地将所学的情感表达技能应用于实际情境中。

（三）冲突解决能力的培养

学生需要学会倾听、理解和沟通，以便在人际冲突中找到解决问题的方式。通过模拟冲突情境，学生可以实践冲突解决策略。

1. 倾听与理解的重要性

冲突解决的第一步是倾听和理解。课程可以教导学生如何有效地倾听他人的观点和情感，从而真正理解他人的立场和需求。学生可以通过角色扮演、情景模拟等活动，体验在冲突情境中如何积极地倾听和理解对方，从而培养对他人情感的敏感性和共情能力。

（1）倾听的重要性

倾听是一项基础性的人际沟通技能，它不仅体现尊重，还有助于建立信任。情感教育课程应当教导学生如何做到有效地倾听。这包括注意力集中、眼神接触、不打断对方，以及积极的肢体语言等。通过这些技巧，学生可以创造一个积极的交流氛围，让对方感受到被重视和理解的情感体验。

倾听不仅仅是听取对方的言辞，还包括理解对方的情感和需求。在情感冲突中，聆听可以帮助人们更好地感知对方的情感状态，从而减少误解和争吵的可能性。通过角色扮演和情景模拟，学生可以亲身体验倾听中的难点和挑战，从而加深对倾听重要性的认识。

（2）理解的深远意义

理解是倾听的延伸，是更深层次的交流。情感教育应当培养学生对他人情感和观点的理解能力。学生需要学会站在对方的角度思考，尝试理解他人的情感动机和需求。这种理解能力有助于减少冲突和误解，建立更为和谐的人际关系。

通过角色扮演和情景模拟活动，学生可以模拟不同的情感冲突场景，从而理解不同立场的人可能的情感需求和痛点。他们可以学会提出开放性问题，探索对方的情感和观点，以获得更全面的理解。这种理解不仅有助于解决现有的冲突，还有助于预防未来的冲突。

（3）培养共情能力

倾听和理解的实践有助于培养学生的共情能力。共情是能够感受和理解他人情感的能力，它是情感智力的核心之一。通过角色扮演和情景模拟活动，学生可以亲身体验他人的情感，从而更好地建立共情的连接。这不仅有助于解决冲突，还有助于建立更为紧密的人际关系，促进情感智力的全面发展。

2. 积极沟通与表达

在冲突解决过程中，积极的沟通和情感表达是至关重要的。课程可以教导学生如何以积极、明确的方式表达自己的观点和情感，同时尊重对方的意见。学生可以学习有效的沟通技巧，如使用“我”语言、避免指责性言辞等，以促进开放和建设性的对话。

（1）积极沟通的重要性

积极沟通是建立良好人际关系的基础。在冲突解决中，积极沟通可以减少误解和紧张，为解决问题创造良好的氛围。情感教育课程应该教导学生如何以积极的态度与对方进行对话，以及如何采取开放的心态去理解他人的立场。通过模拟对话、情境演练等活动，学生可以体验积极沟通的优势和效果。

（2）情感表达的明确性与尊重性

情感表达不仅仅是说出自己的情感，更是以一种明确和尊重的方式表达自己的观点。情感教育课程应该教授学生如何使用恰当的语言和非语言表达来表达自己的情感，同时尊重他人的感受。通过角色扮演和情景模拟，学生可以练习在情感冲突中如何坦诚地表达自己的情感，同时避免伤害他人情感。

（3）有效沟通技巧的培养

情感教育课程还应该教授学生一些有效的沟通技巧，以帮助他们更好地表达自己的情感和观点。例如，使用“我”语言来表达情感，可以避免指责性言辞，从而减少冲突的可能性。此外，学生还可以学习如何倾听对方，提出开放性问题，以促进更加深入的对话和理解。

通过实际案例分析和讨论，学生可以更好地理解不同沟通策略的效果和适用情境。他们可以在情景模拟中尝试不同的沟通方式，从而体验积极沟通的实际效果。这种实践性的培养有助于学生逐渐培养积极沟通和情感表达的能力，为解决冲突和建立健康的人际关系提供有效的工具。

3. 冲突解决策略的实践

课程可以通过案例分析、角色扮演等方式，让学生尝试使用不同的冲突解决方法，如妥协、协商、寻求第三方中介等。这些实践活动帮助学生了解每种策略的优缺点，以及如何根据情境选择最合适的解决方式。

（1）实践不同的冲突解决策略

情感教育课程可以通过案例分析、角色扮演等方式，引导学生在模拟的情境中尝试不同的冲突解决策略。例如，学生可以在小组讨论中模拟冲突情境，然后分别应用妥协、协商和寻求第三方中介等策略，从而体验每种策略的效果。通过这样的实践，学生可以深入了解每种策略的优缺点，以及它们在不同情境下的适用性。

（2）理解策略的应用场景

教育者可以引导学生思考，在不同类型的冲突中，哪种策略更加适用。例如，在一些关乎个人喜好的冲突中，妥协可能是一个有效的策略；而在涉及团队合作的冲突中，协商可能更加合适。通过分析实际案例，学生可以更好地理解不同策略的适用性。

（3）培养决策和分析能力

学生需要在模拟情境中权衡不同的因素，选择最合适的解决方法。这种实际操作可以帮助学生培养出寻找解决方案的能力，同时也增强了他们的批判性思维和问题解决能力。

第六章　个体差异与教育研究

第一节　个体差异的概念和分类

一、智力、性格、学习风格等个体差异的类型

（一）智力差异

不同个体在认知能力、解决问题能力、学习能力等方面存在差异。智力测试可以用于测量不同个体之间的智力水平，从而为教育和职业选择提供参考。

1.智力差异是个体在认知能力方面表现出的多样性

不同个体在解决问题、推理、学习、记忆等认知任务中表现出不同的能力水平。智力测试是一种常用的评估方法，通过测量个体在各种认知领域的表现，得出智力水平的估计。智力测试通常包括数学、逻辑、空间感知等多个方面的内容，以全面评估个体的智力水平。

（1）智力差异的多样性

智力差异指的是不同个体在认知能力方面表现出的多样性。这种差异体现在个体在解决问题、推理、学习、记忆等认知任务中的表现上。智力差异是人类在认知领域的自然特征，每个人都有其独特的认知优势和挑战。智力差异的存在使得每个人在不同领域能够做出独特的贡献，同时也为教育、职业选择等方面提供了挑战和机会。

（2）智力测试的作用

智力测试是一种常用的评估方法，用于测量个体在各种认知领域的表现，从而得出其智力水平的估计。这种评估有助于理解个体的认知能力特点，指导教育和职业发展，以及辅助心理健康诊断。智力测试通常涵盖多个认知领域，包括但不限于数学、逻辑、空间感知、言语理解等。通过综合考量个体在这些领域的表现，教育者可以得出一个相对客观的智力水平估计。

（3）智力差异的解释和影响

智力差异的存在可以通过多种因素解释。遗传因素在智力差异中扮演着重要角色，不

同基因的组合可能会影响个体的认知能力。环境因素也是智力差异的重要影响因素，如家庭教育、学校环境等都可能对个体的认知发展产生影响。此外，个体的兴趣、经验、学习方式等也会影响其在特定领域的认知表现。

2. 智力差异的形成受到遗传和环境因素的影响

研究发现，基因在智力差异中起着重要作用。某些基因与认知发展、大脑结构等方面有关，可能导致个体在智力任务上表现出不同的能力水平。然而，环境因素同样对智力差异产生影响。充足的早期教育、丰富的学习经历及刺激性的环境都有助于培养个体的智力潜力。

（1）基因对智力差异的影响

研究表明，基因在智力差异的形成中起着重要作用。通过基因研究，科学家们发现某些基因与认知发展、大脑结构等方面有关，可能对个体智力水平产生影响。这些基因可能影响神经传递物质的产生、大脑区域的发育和连接及其他与认知功能相关的生物过程。

一项双生子研究表明，在智力测试中，同卵双生子（基因完全相同）的智力得分之间的相关性要比异卵双生子（基因相似度较低）更高。这表明基因对智力方面的影响。然而，我们要注意的是，智力不是由单个基因决定的，而是由多个基因及基因与环境相互作用的复杂网络决定的。

（2）环境对智力差异的影响

尽管基因在智力差异中起着一定作用，但环境同样在塑造个体的智力水平方面扮演着重要角色。早期环境对智力发展具有显著影响。充足的早期教育和刺激性的学习环境有助于激发儿童的认知潜力，提供丰富的学习经验有助于塑造他们的智力基础。

研究还发现，家庭环境对智力发展的影响非常重要。家庭的教育水平、亲子互动、家庭支持等因素都可以影响儿童的智力发展。丰富的语言环境和家庭阅读习惯可以促进儿童的语言和认知发展，从而影响其智力水平。

（3）基因与环境的相互作用

基因和环境之间存在着复杂的相互作用关系，共同影响智力差异的形成。例如，一个基因可能在某种特定环境下表现出更大的影响，而在另一种环境下则表现较小。这种基因—环境相互作用可能解释了为什么在相同基因背景下，不同个体在智力方面表现出如此大的差异。

（二）性格差异

不同个体在情感、行为和思维方式上表现出独特的特点。性格可以通过各种测量工具来评估，如五大人格特质模型（外向性、宜人性、尽责性、神经质、开放性）。

1. 性格差异反映了个体在情感、行为和思维方式上的多样性

性格是相对稳定的特点，影响个体在不同情境下的行为和反应。常用的性格测量方法包括问卷调查和观察。五大人格特质模型是研究性格差异的一个被广泛接受的框架，包括外向性、宜人性、尽责性、神经质和开放性。

（1）性格差异的特点

性格差异是指不同个体在情感、行为和思维方式上的多样性。每个人都有独特的性格特点，这些特点在一定程度上决定了他们如何感受世界、与他人互动及应对各种情境。性格是相对稳定的，但它也会在不同情境下发生变化。性格差异的研究不仅有助于更好地理解人类行为，还能为心理健康、人际关系及职业发展等提供有益的指导。

（2）性格测量方法

研究人员使用不同的方法来测量和研究性格差异。其中，问卷调查是最常见的方法之一。研究者会设计一系列问题，要求被测者根据自己的感受和经验作答，从而得到他们在不同性格特征上的得分。此外，观察也是性格研究的重要方法之一。通过观察个体在不同情境下的行为和反应，研究者可以揭示他们的性格特点。

（3）五大人格特质模型

在性格研究领域，五大人格特质模型是一个被广泛接受的框架。这个模型将性格特征划分为五个维度，分别是外向性、宜人性、尽责性、神经质和开放性。每个维度都包含了一系列具体的性格特点。这些特质在不同程度上存在于每个人身上，共同构成了个体的性格轮廓。以下是五大人格特质的主要内容：

a. 外向性（Extraversion）

外向性体现了个体与外部世界的关系。外向的人通常充满活力，喜欢社交活动，容易与他人建立联系。

b. 宜人性（Agreeableness）

宜人性关注个体与他人的关系。宜人的人倾向于合作、关心他人，表现出友好和宽容的态度。

c. 尽责性（Conscientiousness）

尽责性反映了个体的自我控制和目标导向程度。尽责的人通常有条理、有计划，注重细节和责任感。

d. 神经质（Neuroticism）

神经质反映了个体的情绪稳定性。神经质的人更容易体验情绪波动，情绪容易受到外部影响。

e. 开放性（Openness to Experience）

开放性关注个体对新事物和经验的接受程度。开放的人喜欢尝试新的事物，对文化、艺术和创新有兴趣。

（4）性格差异的影响

性格差异不仅影响个体的日常行为和互动方式，还与许多生活领域密切相关。例如，个体的性格特点可能影响他们的职业选择、社交互动、情感调适能力及应对压力的方式。性格特点还与心理健康状况有关，某些性格特点可能增加患抑郁、焦虑等心理问题的风险。

2. 性格差异的形成受到遗传和环境因素的影响

研究表明，基因对个体性格特质有一定影响。例如，一些基因可能与情绪调节、社交互动等方面的性格特点相关联。然而，环境同样在性格发展中起着重要作用。家庭环境、社会文化、教育方式等因素都可以影响个体性格的形成。

（1）遗传因素对性格差异的影响

研究发现，遗传因素在性格差异的形成中起着一定的作用。基因对于个体在情感、行为和认知方面的特点有一定的影响。通过家庭、双生子和遗传关联等研究方法，科学家们发现了一些与性格特质相关的基因。例如，某些基因可能与情绪调节、社交互动、冲动性等方面的性格特点有关。

研究人员已经确认了一些与性格特质有关的基因标记。例如，一些基因可能与神经质（Neuroticism）特质有关，这意味着个体更容易体验情绪波动。同样，外向性（Extraversion）和开放性（Openness）等性格特质也可能受到特定基因的影响。然而，我们需要注意的是，单一基因很少能够解释性格的全部差异，差异是由多个基因的相互作用所影响的。

（2）环境因素对性格差异的影响

与遗传因素相辅相成，环境同样在性格发展中发挥着重要作用。环境因素可以分为家庭环境、社会文化、教育方式等多个方面。这些因素可以塑造个体的行为、价值观和情感表达方式。

a. 家庭环境

家庭是儿童性格发展的重要影响因素之一。父母的教养方式、家庭氛围及家庭中的亲子互动都可能对儿童的性格产生影响。例如，一个温馨、支持性的家庭环境可能有助于培养儿童的宜人性和情感表达能力。

b. 社会文化

不同的社会文化背景可能导致性格特点的差异。一个社会的价值观和期望值会影响个体在不同情境下的行为和表现。例如，一些社会文化倾向于强调集体主义和合作，而另一些则更注重个体主义和竞争。

c. 教育方式

教育方式也会对性格发展产生影响。教育环境中的激励、奖励机制及教育者的行为方式都可能影响学生的性格特点。一种积极支持学生自主发展的教育方式可能培养出更具自信和开放性的性格。

（三）学习风格差异

有些人更适合通过听课学习，而另一些人可能更擅长通过阅读或实践来获取知识。了解学生的学习风格有助于教育者更好地设计教学策略。

1. 个体在学习方式和偏好上存在差异

学习风格是个体在学习过程中选择的偏好方式，涉及获取信息的方式、处理信息的方式及学习策略的选择。常见的学习风格包括视觉型、听觉型、动手型等。了解学生的学习风格有助于教育者更好地设计教学活动，满足不同学生的学习需求。

（1）学习风格的多样性

个体在学习风格上的差异主要表现在以下几个方面：

a. 感知方式

有些学生更偏好通过视觉方式获取信息，他们喜欢看图表、幻灯片等。而另一些学生则更喜欢通过听觉方式获取信息，喜欢听讲座、录音等。

b. 处理信息

个体的处理信息的方式也存在差异。有些学生更倾向于逻辑思维和分析，喜欢理性地解决问题；而另一些学生则更注重情感和直觉，更偏好从直觉出发进行思考。

c. 学习策略

不同学生在学习策略的选择上也会有所差异。有些学生更喜欢创造性地解决问题，喜欢进行实验和探索；而另一些学生更注重系统地学习，喜欢遵循一定的规律和步骤。

（2）教育中的应用

了解学生的学习风格，教育者可以根据不同学生的偏好来设计和调整教学活动，以提供更有效的学习支持。以下是一些教育策略：

a. 多样性教学法

教育者可以采用多样性的教学法，包括视觉、听觉和动手等方式，以满足不同学生的学习风格需求。

b. 个性化教学

根据学生的学习风格特点，教育者可以提供个性化的学习材料和任务，让学生更容易理解和掌握知识。

c. 鼓励多元思维

在课堂上，教育者可以鼓励学生采用不同的思维方式来解决问题，从而促进多元化的学习体验形成。

（3）促进学习风格的发展

除了了解和尊重学生的现有学习风格，教育者还可以鼓励学生发展多样的学习方式，培养他们在不同情境下的适应能力。通过提供不同类型的学习任务和挑战，学生可以逐渐扩展自己的学习风格，更全面地应对各种学习需求。

2. 学习风格的形成受到遗传和环境因素的影响

个体的认知偏好可能与基因有关，影响其对不同学习方式的喜好。同时，环境因素也在塑造学习风格中起着作用。学习经验、教育环境及文化背景都会影响个体选择学习方式。

（1）遗传因素与学习风格

研究表明，个体的学习风格可能与基因有一定关联。基因可能影响大脑结构和功能，从而影响认知偏好和学习方式。例如，与视觉信息处理相关的基因可能使个体更倾向于通过图像和图表来学习。而与情感调节有关的基因可能影响个体对于情感和人际关系的关注，进而影响其在学习中的表现。

遗传因素在一定程度上决定了个体对不同学习方式的喜好。这意味着一些人天生更适合某种学习方式，而另一些人则更适合另一种方式。然而，遗传因素并不是决定性的，环境也在其中扮演着重要角色。

（2）环境因素与学习风格

环境因素同样在学习风格的形成中发挥着重要作用。个体所处的环境、教育经验及文化背景都会影响其对不同学习方式的偏好。以下是一些环境因素的影响：

a. 家庭环境

个体在成长过程中所接触到的家庭环境可能影响其学习偏好。家庭对不同学科的重视程度、家庭的学习氛围及家庭成员的学习方式都可能影响个体的学习风格。

b. 教育经验

个体在学校和教育机构中的学习经验会影响其学习方式。不同的教育方法、教师的教学风格及教材的呈现方式都可能塑造个体的学习偏好。

c. 文化背景

不同文化背景下，个体对于学习方式的偏好可能存在差异。文化对于个体对合作学习、独立学习等方式的接受程度有影响，从而影响其学习风格。

（3）个体差异的综合影响

个体的学习风格是遗传因素和环境因素相互作用的结果。遗传因素可能使个体对某种学习方式更具天生的偏好，而环境因素则在个体成长的过程中不断塑造和调整这种偏好。因此，每个人的学习风格都是独特的，反映了遗传和环境因素的综合影响。

在教育环境中，了解个体的学习风格对于个性化教学具有重要意义。教育者可以通过了解学生的遗传背景、家庭环境和文化背景，更好地满足他们的学习需求。通过提供多样化的学习活动和资源，教育者可以帮助学生更好地发展自己的学习风格，提高学习效果。同时，培养学生的灵活性，使其能够适应不同情境下的学习方式，也是教育的重要目标之一。

二、个体差异与遗传、环境的相互作用

（一）遗传因素对个体差异的影响

遗传因素通过基因对个体的生理和心理特征产生影响，这是个体差异形成的重要基础之一。研究发现，不同基因可能与智力、性格、情感等方面的差异相关联。例如，某些基因变异可能与认知能力的提升或降低有关，进而影响个体在学习和解决问题时的表现。基因还可能影响个体的情感调节能力，使得一些人更容易体验积极情感，而另一些人更容易

陷入消极情绪。

1. 智力差异与基因关联

智力是个体差异中的重要方面，而遗传因素在智力差异中起着重要作用。多项研究表明，智力在一定程度上与基因有关。通过孪生研究和家庭研究，科学家们发现智力在家族中的遗传性较高，即智力在一定程度上可以通过遗传传递。特定基因可能与认知发展和大脑结构有关，影响个体在智力任务上的表现。然而，智力受多基因的共同作用影响，没有一个单一的“智力基因”。

2. 性格与基因之间的联系

个体的性格也受遗传因素影响。研究发现，一些性格特质在家族中具有遗传性。例如，外向性和宜人性等性格特质可能受到遗传因素的影响。基因可能影响神经递质的分泌和受体敏感性，进而影响个体对刺激的反应，从而塑造个体的性格特征。

3. 情感和情绪的遗传基础

情感和情绪体验也受遗传因素影响。某些基因可能与情感调节相关的脑区有关，从而影响个体的情感体验。例如，一些基因可能与焦虑和抑郁的易感性相关联，这使得一些人更容易在压力下出现消极情绪。然而，环境因素同样在情感和情绪差异中扮演着重要角色，基因与环境的相互作用塑造了个体的情感体验。

（二）环境因素对个体差异的塑造

环境因素在个体差异中同样扮演着重要角色。个体在成长过程中所接触到的家庭环境、社会环境、教育环境等都会对其认知、情感和行为产生影响。充足的早期教育、丰富的学习经历、支持性的家庭环境等都有助于培养个体的认知能力和情感智慧。相反，贫困、暴力、忽视等不良环境可能对个体的发展产生负面影响。

1. 家庭环境的影响

家庭环境是个体成长过程中最直接的影响因素之一。家庭的教育方式、亲子关系、家庭价值观等都会影响个体的认知、情感和行为特征。例如，支持性的家庭环境能够培养孩子的自尊心和自信心，从而影响其学习和社交能力。相反，家庭冲突、虐待等负面经历可能对个体的心理健康产生不良影响。

2. 社会环境的作用

社会环境也在个体差异的形成中发挥着重要作用。社会文化背景、社会支持系统、社会压力等都会影响个体的认知和情感。不同文化对情感的表达和认知方式存在差异，从而影响个体的情感体验。社会支持可以缓解个体在面对压力和挑战时的情感反应，而社会压力可能引发情感问题。

3. 教育环境的影响

教育环境在个体差异的塑造中起着重要作用。不同的教育体制、教学方法和教育资源都会影响个体的认知和学习风格。教育环境可以提供刺激性的学习机会，培养个体的创造力和解决问题的能力。同时，教育环境也可以影响个体的情感调节和社交技能的发展。

（三）遗传与环境的相互作用

遗传和环境因素之间存在着复杂的相互作用关系。基因可能影响个体对特定环境的敏感性，即基因与环境的互动可能导致不同基因型的个体在相同环境下表现出不同的特征。例如，某些基因可能使个体更容易从积极的环境刺激中受益，而另一些基因可能使个体对负面环境刺激更为敏感。这种相互作用使得个体差异的形成更为复杂多样。

1. 基因—环境互动

基因—环境互动指的是个体基因型与其所处环境之间的相互作用。不同基因型的个体在不同环境下可能表现出不同的特征和行为。例如，在一个支持性的家庭环境中，一个有利于积极情感表达的基因可能更容易得到发挥，从而促使个体情感调节能力的发展。相反，在一个缺乏支持的环境下，这种基因可能不会得到充分发展。

2. 基因表达的调节

环境可以影响基因的表达，即在何种程度上和何时表达某一基因。环境刺激可以影响基因的表达水平，从而影响个体的行为和特征。例如，一个基因可能与情感调节有关，但在压力较低的环境下其可能不会显现出明显的效果，而在压力较高的环境下其可能会被激活。

3. 环境选择

个体有时会主动选择或塑造自己的环境，以适应其个体特点和需求。这种选择性环境暴露可能影响基因表达和个体差异的形成。例如，一个对音乐有浓厚兴趣的个体可能会自主选择参与音乐活动，进一步发展自己的音乐才能。

4. 环境适应

环境适应是个体基因与环境相互作用的一种体现。个体通过适应环境的方式来提高生存和繁殖的机会。在不同的环境中，个体可能会表现出不同的行为和特征，以适应环境的要求。例如，在竞争激烈的环境中，个体可能会表现出更强的竞争性和适应性行为。

第二节　个体差异对学习和发展的影响

一、不同个体差异对学业成就和自我概念的影响

个体差异在学习和发展过程中起着重要作用，影响着学生的学业成就和自我概念的形成。不同的认知能力、学习风格和情感特点会影响个体在学校中的学习表现。例如，某些学生可能在数学领域表现出色，而在语言领域可能稍显不足。这种差异可能影响学生对自己能力的评价，从而影响到他们的自我概念和自信心。一些个体可能因为在某一领域的优势而建立起积极的自我概念，而另一些个体可能因为在某一领域的挑战而形成消极的自我

概念。

（一）认知能力的影响

1. 不同个体的认知能力对学业成就的影响

认知能力涵盖了逻辑思维、问题解决、分析能力等多个方面，不同的认知能力特点可能导致学生在不同学科和领域表现出不同的水平。一些学生可能天生具有较强的数学推理能力，能够迅速解决复杂的数学问题；而另一些学生可能更擅长于语言表达，善于运用丰富的词汇来表达自己的观点。这些差异性可能直接影响学生在各学科中的学业成绩，从而塑造他们的学业自我概念。

不同认知能力的学生在学习过程中可能会选择不同的策略和方法。例如，逻辑思维能力较强的学生可能更倾向于采用系统性的学习方法，追求深入理解；而创造性思维能力较强的学生可能更偏向于尝试新颖的学习方式，关注于解决问题的创新性。这种策略选择的差异可能影响学生的学习效果和成绩。

2. 个体认知能力对自我概念的塑造

那些在某一领域表现出色的学生可能会因此建立起积极的自我概念。他们可能会认为自己在这个领域具有优势，并因此感到自信和满足。相反，挑战或不擅长的领域可能会影响学生的自我评价，学生可能产生自我怀疑和自卑情结。这种自我概念的塑造可能影响学生的学习动机和学习态度。

个体在学术领域中的成功或挫折经验也会影响他们的认知自我概念。积极的学术经验可能强化个体对自己认知能力的积极评价，促使他们更愿意接受新的学术挑战。而消极的学术经验可能损害个体对自己认知能力的信心，导致他们对学术领域的兴趣和投入减少。

3. 调整教学策略以适应个体认知能力差异

教育者在教学过程中需要认识到个体认知能力的差异，以便更好地满足学生的学习需求。采用差异化教学是一种有效的方法，教育者可以根据学生的认知特点和学习风格，调整教学内容和方法。对于具有较强逻辑思维的学生，教育者可以提供更具挑战性的问题，激发他们的深入思考能力。对于较有创造性的学生，教育者可以鼓励他们运用创新思维来解决问题，培养他们的创造性能力。

此外，教育者还可以鼓励学生在学习过程中培养全面的认知能力，尤其是在弱势领域进行有针对性的提升。为学生提供多元化的学习体验，引导他们在不同领域中探索和发展自己的认知能力，这有助于他们建立更积极的自我概念。例如，对于在某一领域遇到挑战的学生，教育者可以提供额外的支持和指导，帮助他们逐步克服困难，提高自信心。通过针对性的辅导和培训，学生可以逐渐克服认知能力上的障碍，提升学业成就，并建立起更为全面和积极的自我概念。

（二）学习风格的影响

1. 个体学习风格对学业成就的影响

个体的学习风格差异在学业成绩方面具有显著影响。学习风格是个体在学习过程中偏好的方式，涵盖了信息获取、加工和整合等多个方面。不同学生的学习风格差异可能导致他们在不同学科和领域表现出不同的学业成绩水平。例如，那些更偏好通过视觉方式学习的学生，他们可能更善于从图表、图像和演示中获取信息，因此在科学、地理等需要空间感知的学科中表现较好。相比之下，偏好听觉方式学习的学生可能更擅长通过听取讲解和讨论来学习，他们可能在语言类学科如语文、外语等方面表现出色。这些差异影响着学生对不同学科的兴趣、自信心和学业动机，从而对学业成就产生影响。

2. 教学策略的差异化与个体学习风格

了解个体学习风格差异有助于教育者更有效地调整教学策略，以满足不同学生的需求。通过差异化教学，教育者可以更好地匹配学生的学习风格，提高教学效果。对于偏好视觉学习的学生，教育者可以采用图示和图像来解释抽象概念，以图像化的方式呈现知识。这样有助于视觉型学生更好地理解和记忆信息。而对于偏好听觉学习的学生，教育者可以通过讲解和听取讨论的方式来传达知识，满足他们从听觉中获取信息的倾向。此外，对于更注重实际操作和体验的学生，教育者可以提供实验、实地考察等实践机会，以满足他们的学习需求。这种个体化的教学策略，可以更好地激发学生的学习兴趣，提高学习效果。

3. 学生发展与自我概念的塑造

学生在不同学科和领域的学业表现可能影响他们对自己能力的评价。当学生在某一领域取得较好的成绩时，他们可能会建立起积极的自我概念，认为自己在该领域具有较高的能力。相反，当学生遇到困难或挑战时，可能会形成消极的自我概念，怀疑自己在该领域的能力。个体的学习风格偏好与学业成就之间的关系可能影响到学生自我概念的形成，从而影响到他们的学习动机和情感体验。

（三）情感特点的影响

1. 情感特点对学业成就的影响

情感差异涵盖了情绪调节能力、情感体验的稳定性等多个方面。一些学生可能因其情感较易波动而在考试等紧张情境下表现不佳，而另一些学生则可能具备较强的情感调节能力，能够更好地处理学习和生活中的压力。情感的稳定性与情感体验的积极程度都可能与学业成就产生关联。积极的情感体验可能促使学生乐观和有动力，有助于其应对挑战，提升学业成就。相反，负面情感体验可能导致学生情绪低落，影响其学习的投入和效果。

（1）情绪调节能力与学业成就的关系

a. 情绪调节能力的重要性

个体的情绪调节能力决定了他们在面对挑战和压力时的表现。那些具有较强情绪调节能力的学生能够更好地管理自己的情绪，从而在学业和考试等紧张情境中表现得更为稳定和出色。

b. 挫折和困难的应对

情绪调节能力不仅影响学生面对成功时的情绪体验，还关系到他们在面对挫折和困难时的情感反应。情绪调节能力较强的学生更能从挫折中恢复，保持积极的学习态度，努力克服难题，从而促进学业成绩的提升。

c. 焦虑与情绪的关联

情感特点中的焦虑情绪可能在一定程度上影响学业成绩。过度的焦虑情绪可能干扰学生的注意力和思维集中，影响他们的学习效果。因此，了解学生的焦虑水平，并提供适当的情感支持，有助于减轻其负面影响。

（2）情感体验的稳定性与积极的情感体验

a. 情感体验的稳定性

个体的情感体验在稳定性上存在差异，有些人情感波动较大，而另一些人情感相对稳定。稳定的情感体验可能有助于学生更好地应对学业挑战，保持稳定的学习状态。

b. 积极的情感体验

积极情感如愉快、满足和兴奋等，与学业成就紧密相关。积极的情感体验有助于提高学生的学习动力和投入度，激发他们更积极地探索知识和面对学术任务。

c. 情感的影响途径

积极情感可能通过多种途径影响学业成就。首先，积极情感能够改善学生学习的认知状态，增强注意力和记忆力，有助于学生更好地理解和吸收知识。其次，积极情感可以促进学生与教师和同学的积极互动，营造支持性的学习环境。

2. 情感特点与自我概念的相互关系

积极情感体验的学生可能更容易形成积极的自我概念，他们可能会认为自己有能力应对学习中的挑战，从而更有动力去追求学术成功。相反，情感困扰可能导致学生产生自我怀疑，形成消极的自我概念，从而影响学业成就和学习动机。因此，情感健康对于培养积极的自我概念具有重要意义。

（1）积极情感体验与积极自我概念的培养

a. 情感体验对自我认知的影响

个体的情感体验会影响他们对自己的认知。具有积极情感体验的学生更可能将这些体验与自己的能力和价值联系起来，从而形成积极的自我认知。他们可能更容易看到自己的优势、成功和成就，进而构建积极的自我概念。

b. 自我概念的积极影响

积极情感体验有助于形成积极的自我概念。这种概念是对个体自身的看法和评价，包括他们的能力、价值和自信。通过多次积极情感体验的积累，个体可能认识到自己在某些方面的优点和潜力，从而培养出积极的自我概念。

（2）情感调节方式与自我概念的塑造

a. 情感调节方式的作用

个体的情感调节方式会影响他们在面对挑战、压力和失败时的情绪反应。积极的情感调节方式，如寻求支持、积极应对等，有助于减轻负面情绪，维持情绪稳定。这种稳定有助于形成积极的自我概念，因为个体更能够从积极的角度看待自己。

b. 情感调节方式对自尊的影响

情感调节方式的积极性与自尊之间存在密切关系。积极调节情感的个体更可能保持较高的自尊，因为他们能够更好地处理挫折和压力，不会过分自责，从而有助于维持积极的自我概念。

（3）自我概念的形成与情感特点的互动

a. 循环影响的过程

情感特点和自我概念之间存在一种循环影响的关系。积极的自我概念可以增强个体的积极情感体验，而积极情感体验又可以进一步巩固积极的自我概念。同样，情感调节能力的提升可能改善个体的情感体验，进而有助于培养更积极的自我概念。

b. 情感特点的调整和塑造

教育和环境因素可以对个体的情感特点产生影响，从而间接地影响其自我概念。通过情感教育和心理干预，个体可以学习更积极的情感调节方式，改变消极的情感体验，进而塑造更积极的自我概念。

3. 情感特点与学习态度和情感体验的关系

拥有积极情感体验的学生可能更有决心克服困难，保持学习的动力。他们可能更愿意积极应对压力和挫折，以积极的心态迎接学业挑战。相反，情感脆弱的学生可能更容易因为挫折而产生消极情绪，导致学习的体验变得不愉快，影响他们的学习投入。教育者应重视培养学生的情感健康，为其提供情感支持和情感教育，帮助他们更好地应对学习和生活中的情感困扰，从而促进积极的学习态度和情感体验形成。

（1）积极情感体验的形成与学习态度

a. 决心与动力的增强

拥有积极情感体验的学生往往更具决心和动力去克服学习中的困难。积极的情感状态可以增强个体的毅力和耐心，使其更有信心克服学业挑战，从而保持积极的学习态度。

b. 积极应对能力的提升

积极情感体验有助于培养个体应对压力和挫折的积极态度。这些学生更可能采取积极的应对策略，如寻求支持、制定解决方案，而不是被消极情绪所压倒。这种积极应对有助于保持良好的学习态度。

（2）情感脆弱性与学习态度的互动

a. 情感脆弱性对学习态度的影响

情感脆弱的学生可能更容易因为挫折和困难而产生消极情绪，从而影响他们的学习态度。他们可能会感到无助、焦虑，甚至丧失对学习的信心，导致学习态度的消极转变。

b. 学习态度对情感脆弱性的影响

负面的自我评价和对学习的悲观看法可能使情感困扰更加严重，形成恶性循环。因此，改善学习态度有助于减轻情感脆弱性。

（3）情感支持与情感教育的重要性

a. 情感支持的作用

教育者可以通过情感支持来帮助学生应对情感困扰，从而促进积极的学习态度形成。给予学生关心、理解和鼓励，提供情感上的支持，有助于其减轻消极情绪，改善学习体验。

b. 情感教育的价值

情感教育可以教授学生有效的情感调节策略，培养情感弹性，从而提升学生的情感健康水平。教育者可以引导学生认识自己的情感特点，教授积极的情感管理技巧，使他们更能够应对学习和生活中的情感挑战。

二、如何根据个体差异调整教学策略

了解个体差异对教育和发展的影响，有助于教育者更好地调整教学策略，以满足不同学生的需求。个体差异意味着不同学生在学习上有不同的优势和需求，因此采用差异化教学是一种有效的方法。教育者可以根据学生的学习风格、认知特点和情感需求，调整教学内容和方法。例如，对于更倾向于视觉学习的学生，教育者可以使用图表和图像来帮助他们更好地理解概念；对于情感较为敏感的学生，教育者可以采用鼓励和支持的教学方式来提升他们的学习动力和情感调节能力。

（一）依据学习风格的差异化教学

教育者可以根据学生的学习风格，如视觉、听觉、动手等，调整教学内容和方法。对于视觉型学生，教育者可以提供图表和图像以加深理解；对于听觉型学生，教育者可以通过讲解和讨论来传达知识；对于动手型学生，教育者可以设计实践性的任务和活动来促进学习。

1. 视觉型学生的教学策略

视觉型学生更倾向于通过视觉渠道获取信息，他们善于理解图表、图像等可视化信息。为了适应这一学习风格，教育者可以采取以下策略：

（1）使用图表和图像

在教学中，教育者可以经常使用图表、图像、流程图等可视化工具，将抽象的概念以直观的方式呈现，帮助视觉型学生更好地理解和记忆知识。

（2）利用多媒体资源

教育者可以运用多媒体技术，如幻灯片、教学视频等，来呈现教学内容。这些多媒体资源可以为视觉型学生提供更具吸引力的学习材料，激发他们的学习兴趣。

（3）设计图示作业

在作业设计中，教育者可以鼓励视觉型学生制作图示、海报或展示板等，以展现他们对知识的理解。这有助于他们将学到的内容以视觉化的方式进行再现和呈现。

2. 听觉型学生的教学策略

听觉型学生更偏好通过听觉渠道接收信息，他们善于从口头讲解中获取知识。为了适应这一学习风格，教育者可以采取以下策略：

（1）讲解和讨论

在课堂上，教育者可以充分利用口头讲解和互动讨论，向听觉型学生传达知识。教育者通过生动的语言和实例，激发他们的学习兴趣。

（2）音频资源

提供音频资源，如录音讲解、播客等，以满足听觉型学生的学习需求。这些资源可以让他们在课余时间更便捷地进行学习，加强对知识的消化和吸收。

（3）演讲和演示

鼓励听觉型学生参与演讲和展示活动，让他们有机会通过口头表达来展示自己对知识的理解和掌握。

3. 动手型学生的教学策略

动手型学生更喜欢通过实际操作和实践活动来学习，他们注重实际体验。为了适应这一学习风格，教育者可以采取以下策略：

（1）实践性任务

设计与教学内容相关的实际操作任务，让动手型学生可以亲身参与，进行实际操作。这样的任务能够激发他们的学习兴趣和动力。

（2）小组合作

组织小组合作项目，让动手型学生在团队合作中能够积极参与，发挥他们的实际操作能力，实现知识的应用和体验。

（3）制作手工作品

教育者鼓励动手型学生制作手工作品、模型等，来展示他们对知识的理解和创造性运用。

（二）依据认知特点的差异化教学

不同学生在认知能力上存在差异，教育者可以根据学生的认知特点调整教学策略。对于有较强逻辑思维能力的学生，教育者可以提供更深入的问题探究和分析训练；对于更注重创造性思维的学生，教育者可以鼓励他们进行创意性的作业和项目。

1. 强调逻辑思维的学生教学策略

对于那些具备较强逻辑思维能力的学生，教育者可以采用更深入的问题探究和分析训练，以促进他们的思辨能力和批判性思维。以下是一些适用的教学策略：

（1）深入问题探究

为这些学生提供更复杂、更有深度的问题，鼓励他们进行深入思考和独立解决问题。这有助于培养他们的逻辑推理和问题分析能力。

（2）提供挑战性任务

设计挑战性的任务和项目，要求学生通过逻辑推理和证据支持来解决问题。这样的任务可以激发他们的学术好奇心，推动他们在学习中更进一步。

（3）讨论和辩论

组织学术讨论和辩论活动，鼓励这些学生通过逻辑论证和论点支持来表达自己的观点。这可以培养他们的思辨和沟通能力。

2.强调创造性思维的学生教学策略

对于那些更注重创造性思维的学生，教育者可以采取鼓励创意性作业和项目的方法，以激发他们的想象力和创造性能力。以下是一些适用的教学策略：

（1）创意性任务

设计开放性和多样化的任务，鼓励学生提出独特的解决方案和创意性的作品。这有助于培养他们的创新思维和创造力。

（2）艺术性表达

允许学生通过绘画、写作、音乐等方式表达自己的想法和情感。这种自由的表达方式可以激发他们的艺术创造力和表现欲望。

（3）探索性学习

提供有关主题的广泛材料，鼓励学生进行自主性的探索和发现。这有助于培养他们对知识的好奇心和求知欲。

3.提升综合认知能力的教学策略

教育者应该认识到学生的认知能力是多维度的，综合了逻辑思维、创造性思维及其他认知特点。因此，教育者在教学中可以采用多元化的方法，让学生从不同角度去探索和理解知识。例如：

（1）探索性项目

设计涵盖不同认知能力的综合性项目，让学生能够在实践中运用多种思维方式。

（2）不同层次的问题

为学生提供不同层次的问题，既满足逻辑思维的需求，又考验创造性思维的能力，以培养学生全面的认知能力。

（3）合作学习

组织小组合作和团队项目，鼓励学生充分发挥各自的认知特点，共同解决复杂问题。

第三节　个体差异在教育实践中的关注点和策略

一、个性化教育与差异化指导的实施

（一）个性化学习计划

个性化学习计划是一种根据每位学生的独特需求和学术目标来制订的教育计划。它强调了将教学过程定制化，以确保学生在学术领域的发展得到最大程度的支持。制定个性化学习计划需要以下策略：

1. 学生需求评估

为了实施个性化学习计划，教育者首先需要充分了解每位学生的独特需求、兴趣和学术目标。这一步骤是个性化教育的基础，也是确保学习计划真正适应个体差异的关键。教育者可以通过以下方式来进行学生需求评估：

（1）个体交流

教育者可以与学生进行个体交流，询问他们的学术兴趣、目标和挑战。这种直接的对话可以帮助教育者更深入地了解每位学生的情况。

（2）观察和评估

教育者可以观察学生在课堂和学习环境中的表现，从中获取关于学生需求和学术水平的信息。此外，运用各种评估工具，如问卷调查、测验等，也可以全面了解。

2. 设定个人目标

个性化学习计划的核心是设定明确的个人学习目标，这些目标应该与学生的兴趣、能力和发展阶段相匹配。设定个人目标的过程可以激发学生的学习动机，使他们更加积极地参与学习。以下是实施个性化学习计划中的目标设定策略：

（1）明确和可衡量的目标

目标应该具体、明确，并且可以衡量达成程度。例如，一个目标可以是提高数学成绩到某个特定水平，或者完成一个科学项目。

（2）与学生共同制定目标

教育者可以与学生一起制定学习目标，以确保目标既符合学生的期望，又能够促进他们的自我发展和成长。

3. 课程个性化

个性化学习计划的另一个重要方面是课程的个性化。根据学生的学科偏好、学术水平和发展需求，教育者可以选择适合的教材和学习资源，从而为每位学生提供有针对性的学习体验。以下是课程个性化的具体策略：

（1）教材选择

教育者可以根据学生的学科兴趣和能力水平，选择合适的教材。这可以包括不同难度和内容深度的教材，以满足学生的学术需求。

（2）学习资源丰富性

提供多样化的学习资源，包括书籍、文献、网络资料、视频等，以满足不同学生的学习方式和信息获取偏好。

（3）任务设计

设计个性化的学习任务，使学生能够根据自己的兴趣和能力选择适合的任务。这有助于提高学生学习的积极性和主动性。

通过充分了解学生需求、设定个人目标及个性化课程设计，个性化学习计划可以更好地满足学生的学术需求，提升他们的学习体验和学业成就。这一方法强调了教育的个体差异性，为每位学生提供了更具针对性的学习机会，促进了他们的个人发展和成长。

（二）差异化教学策略

差异化教学策略强调根据个体差异来设计和实施教学，以满足不同学生的需求。这种方法可以帮助教育者更好地应对学生的认知特点、学习风格和情感需求，从而提高学习效果。以下是一些差异化教学的具体策略：

1. 多样化教学方法

个体差异在学习风格和偏好方面表现得十分明显。为了满足不同学生的需求，教育者可以采用多样化的教学方法，以确保每位学生都能够在适合自己的学习环境中获得最佳的学习体验。以下是一些差异化教学方法的示例：

（1）讲授和讨论

对于倾向于听觉学习的学生，讲授和讨论是有效的教学方法。清晰的讲解和互动性的讨论，可以帮助学生理解概念和构建知识框架。

（2）实践活动

学生通过实际操作和实践活动来学习，有助于更好地理解抽象概念。这种方法适合动手型学生，他们通过实际体验来加深对知识的理解。

（3）小组合作

小组讨论和合作可以促进学生之间的互动和知识交流。这有助于社交型学生更好地学习，并且他们可以从同伴的经验中获取启发。

2. 个体辅导

个体辅导是一种非常有效的差异化教学策略，特别适用于学术困难较大的学生。通过一对一的辅导，教育者可以深入了解学生的学术挑战，并有针对性地提供帮助和指导。以下是个体辅导的一些实施方式：

（1）识别学术问题

教育者首先需要准确识别学生的学术问题和难点，从而能够有针对性地提供支持。

（2）个性化指导

根据学生的具体需求，提供个性化的学习指导和解决方案。这可以包括解释概念、示范解题方法等。

（3）定期反馈

在个体辅导过程中，教育者及时给予学生反馈，鼓励他们的进步，并帮助他们克服困难。

3. 分层教学

分层教学是将学生按照不同的学术水平分组，进行有针对性的教学。这种策略有助于避免学生之间学习差距过大，确保每个学生都在适合自己能力水平的环境中学习。以下是分层教学的一些实施方法：

（1）评估学术水平

教育者需要通过测验、作业等方式准确评估每位学生的学术水平，从而确定分组。

（2）制订不同的教学计划

对于不同水平的学生，教育者制订适合其能力的教学计划。对于进步较快的学生，教育者可以提供更具挑战性的任务和项目。

（3）个体支持

在分层教学中，教育者可以更有针对性地提供个体支持，确保每个学生都能够充分参与学习。

通过多样化的教学方法、个体辅导及分层教学，教育者能够更好地满足不同学生的学术需求和学习风格，提升学生的学业成就和学习体验。这些差异化教学策略强调了个体差异的重要性，为每位学生提供了更有价值的学习机会。

（三）教学资源多样性

提供多样化的教学资源对于满足不同学生的学习需求至关重要。这些资源可以包括不同类型的教材、参考书籍、多媒体资料等，以及以下策略：

1. 个性化学习材料

个性化学习材料是一种关注个体差异的教学策略，它能够根据学生的学习风格和兴趣定制教材，从而更好地满足学生的学习需求。教育者可以采用以下方法来提供个性化学习材料：

（1）视觉学习材料

针对视觉型学生，教育者可以提供丰富的图表、图像和视觉化工具，以便他们更好地理解抽象概念。这些图像可以帮助他们将概念与图像关联，从而提高记忆和理解。

（2）听觉学习材料

对于偏好听觉学习的学生，教育者可以提供录音、讲解音频或听力材料。这些资源可以帮助他们通过听觉途径获取信息，更好地理解和掌握知识。

（3）动手学习材料

针对偏好实践学习的学生，教育者可以提供实验指导、实际案例和模拟情境，让他们能够通过实际操作来学习和探索。

2. 多渠道获取信息

教育者应该提供多种获取信息的途径，以满足不同学生对于信息获取的偏好。这样的多样性能够更好地满足学生的学习需求，提高他们的学习效果。以下是一些多渠道获取信息的方法：

（1）教材等书籍

提供丰富的教科书、参考书等阅读材料，以满足喜欢书本阅读的学生。

（2）在线资源

利用互联网的便利性，提供在线教学资源、学术文章、视频课程等，以满足数字化学习环境下的学生。

（3）视频和多媒体

制作教学视频、演示和动画，以图像和声音的结合来帮助学生更好地理解概念。

3. 多元评估方式

教育者在评估学生的学术表现时，应该采用多种形式的评估方式，以充分考虑学生的不同学习风格和个体差异。以下是一些多元评估方式的示例：

（1）考试和测验

考试和测验可以测量学生的知识掌握和理解程度，适合能够在有限时间内展示知识的学生。

（2）项目和作业

给予学生开展项目和作业的机会，以展示他们的创造力、实际应用能力和批判性思维。

（3）演示和口头报告

要求学生进行演示或口头报告，以培养他们的表达能力和公众演讲技巧。

通过提供个性化学习材料、多渠道获取信息和多元评估方式，教育者能够更好地满足不同学生的学习需求，促进他们的学业成就和学术发展。这些多样性的教学资源不仅丰富了学生的学习体验，也对个体差异的尊重和关注提供了实际支持。

二、促进学生自尊与自信的教育方法

（一）积极肯定与鼓励

教育者应该不断地给予学生正面的反馈，认可他们的努力、成就和进步。这种肯定可以是口头的赞美，也可以是书面的鼓励，能让学生感受到他们的价值和能力。积极的反馈能够增强学生的自尊心，让他们感到自己是被重视和关心的。

1. 积极肯定与鼓励的实施方法

（1）明确且具体的赞扬

教育者在肯定学生时，应该具体指出学生的哪些行为或成就值得赞扬。这种明确的赞扬可以让学生更加明确自己的优点和能力，从而增强他们的自信心。

（2）关注努力而非结果

除了对成绩的肯定，教育者应该更加关注学生的努力和付出。无论成绩是好是差，只要学生在努力，都应该得到肯定和鼓励。

（3）建立积极的学习氛围

创造一个积极、支持性的学习环境，让学生感受到教育者的关心和支持。在这样的环境中，学生更容易接受和理解肯定和鼓励。

2. 积极肯定与鼓励的心理机制

（1）增强自我效能感

积极的肯定和鼓励可以增强学生的自我效能感，即他们对自己能力的信心。当学生感受到他们的努力和成就得到认可时，他们会更有信心去面对学习中的挑战。

（2）满足归属需求

人类有归属的需求，希望被认同和接纳。积极的肯定和鼓励满足了这一需求，它让学生感受到自己是班级或学校中的重要成员，从而促进了他们的自尊心和自信心形成。

（3）激发内在动机

积极的肯定和鼓励能够激发学生的内在学习动机。当他们感受到自己的努力得到认可时，他们会更加愿意去学习和探索，而不仅仅是为了追求外在的奖励。

3. 积极的肯定与鼓励在教育中的作用

（1）促进积极情绪

积极的肯定和鼓励可以带来积极的情绪体验，让学生感到愉悦和满足。这种积极情绪有助于提高学生的学习动力和参与度。

（2）建立自信心

学生在不断受到肯定和鼓励时，会逐渐建立起自信心。他们会相信自己有能力克服困难，从而更有勇气去尝试和探索。

（3）培养积极态度

积极的肯定和鼓励可以培养学生的积极态度，让他们更加乐观、自信地面对挑战和困难。这种态度有助于他们在学业和生活中有更好的表现。

（二）设置可行目标

帮助学生制定可行的、具体的目标，使他们能够逐步实现。这些目标应该根据学生的能力和兴趣来设定，这不仅能够激发他们的动力，还能够增加他们的自信心。当学生完成一个个小目标时，他们会感受到成就感，从而更有信心面对更大的挑战。

1. 设置可行目标的实施方法

（1）个体化制定

教育者应该根据每位学生的实际情况，制定符合他们能力和兴趣的目标。这可以通过与学生的交流、了解他们的学术背景和学习目标来实现。

（2）明确具体

目标应该是明确而具体的，能够被量化和衡量的。学生需要知道自己要达到什么程度，这样他们可以更有针对性地努力。

（3）分阶段设定

将大目标分解为小目标，逐步实现。这样学生可以在每个阶段都感受到成就感，增加他们的自信心。

2. 设置可行目标的心理机制

（1）成就感的体验

通过实现小目标，学生可以感受到成就感。这种积极的体验能够增强他们的自信心，让他们相信自己有能力去完成更大的目标。

（2）自我效能感的提升

当学生完成一个个可行目标时，他们的自我效能感会逐渐提升。他们会认为自己在学习中取得了成功，从而更有信心去面对未来的挑战。

（3）动机的激发

可行目标的设定能够激发学生的学习动机。当他们看到自己逐步向目标靠近，他们会更有动力去努力学习和探索。

3. 设置可行目标在教育中的作用

（1）增强学习动力

设定可行目标可以激发学生的学习动力，让他们有明确的方向和动机去学习。

（2）提升自我认知

通过实现目标，学生可以更好地了解自己的能力和优势。这有助于建立积极的自我认知，增加他们的自信心。

（3）培养自我管理能力

设定目标需要学生制订计划、分配时间等，这培养了他们的自我管理能力。这种能力在学习和生活中都具有重要意义。

（三）鼓励自我反思

教育者可以引导学生进行自我反思，帮助他们了解自己的优点和发展领域。通过自我认知的提升，学生能够更客观地看待自己，建立起积极的自我形象。教育者可以提供反思的问题，鼓励学生思考自己的成就、进步及未来的目标，从而促进他们的自尊和自信的形成。

1. 引导自我反思的方法

（1）提供反思问题

教育者可以设计一系列开放性的问题，引导学生思考自己的学习成就、进步、面临的挑战及未来的目标。这些问题可以涵盖学术、个人发展、兴趣爱好等多个方面。

（2）定期反思时间

教育者可以在课程中设置特定的时间，要求学生进行自我反思。这可以是每周一次的短暂反思，也可以是每学期一次的深入反思，让学生习惯性地思考自己的成长过程。

（3）提供反思工具

教育者可以提供一些工具，如反思日志、自评问卷等，帮助学生系统地记录自己的想法和感受。这有助于学生更全面地了解自己。

2. 鼓励自我反思的心理机制

（1）认知提升

通过反思，学生可以更深入地了解自己的能力、兴趣和价值观。这种认知提升有助于建立积极的自我形象，增加自信心。

（2）自我接纳

反思过程中，学生可能会认识到自己的不足和挑战。然而，接受自己的不完美，并思考如何改进，可以促使学生更积极地面对自己。

（3）目标激发

通过反思过去的成就和进步，学生会看到自己的努力是有回报的。这可以激发他们制定更高的目标，进一步促进学习和发展。

3. 鼓励自我反思在教育中的价值

（1）提升自尊与自信

自我反思让学生认识到自己的优点和成就，从而增强他们的自尊心和自信心。他们会意识到自己是有能力实现目标的。

（2）发展自我管理能力

自我反思需要学生自主思考、总结和规划，这培养了他们的自我管理能力。这种能力在学习和未来的职业生涯中都具有重要作用。

（3）促进自我成长

通过不断的自我反思，学生可以更好地认识自己的成长轨迹。他们会看到自己的进步，从而保持积极的学习态度。

（四）鼓励积极参与

教育者提供多样化的学习机会和活动，让学生能够积极参与其中，体验到成功和成就感。无论是课堂上的讨论、项目合作还是课外的社团活动，学生通过积极参与能够提升他们的自尊心和自信心。成功的体验可以帮助学生认识到自己的潜力，从而更愿意迎接新的挑战。

1. 提供多样化的学习机会

（1）课堂讨论与合作项目

教育者可以在课堂上组织讨论、小组活动和合作项目，让学生参与其中，分享自己的想法和意见。这种参与可以增加学生在学术上的自信，培养他们的表达能力和团队合作意识。

a. 课堂讨论的价值

在课堂讨论中，学生有机会分享自己的观点和想法，从与他人的交流中获取新的见解。这种参与可以增强学生在学术上的自信，因为他们感受到自己的声音被重视，同时也可以培养他们的表达和思维能力。

b. 合作项目的益处

合作项目要求学生在小组内共同完成任务，这促使他们学会在团队中发挥作用。在合作过程中，学生可以分享自己的专长，获得组员的认可，从而提高自尊心。同时，成功完成合作项目也会增强学生的自信，让他们相信自己能够在协作中取得成就。

（2）实践活动和实验

教育者安排实际的实践活动和实验，让学生亲身参与，从中获得成功的体验。无论是科学实验、艺术创作还是社会调研，成功的实践体验可以提升学生的自尊心。

a. 实践活动的成就感

通过实际的实践活动，学生可以将理论知识应用于实际情境中，从而亲身体验到知识的应用和价值。当学生成功完成一项任务时，他们会获得成就感，增强自尊和自信。

b. 实验的探索精神：科学实验和艺术创作等实验性活动，培养了学生的探索精神。当学生能够亲手完成一个实验并获得预期的结果时，他们会感到自己在知识领域有所建树，进而提高自信。

（3）社团和俱乐部活动

学校社团和俱乐部为学生提供了丰富多彩的课外活动机会。参与社团活动可以让学生在兴趣领域展现自己的特长，获得肯定和认可。

a. 发展兴趣与特长

学校社团和俱乐部提供了各种兴趣爱好的展示和发展平台。学生可以在自己感兴趣的领域中发挥特长，获得他人的认可和赞赏，从而增强自尊心。

b. 团体认同感

参与社团和俱乐部活动可以让学生融入一个小团体，建立起团体认同感。团队合作和共同追求目标的经历，增加了学生在团体中的存在感，促进自信的培养。

2. 积极参与的价值

（1）建立成功的体验

通过积极参与各种学习活动，学生有机会体验到成功和成就感。这种体验可以增加他们的自信心，让他们认识到自己的能力和潜力。

a. 增强自信心

积极参与各种学习活动，让学生有机会在不同领域取得成功。每一次成功都会增加他们的自信心，让他们认识到自己的能力和价值。

b. 培养积极心态

成功体验可以帮助学生形成积极的心态，让他们更愿意面对挑战和困难。他们会认识到自己有战胜困难的能力，从而更有动力去克服难题。

c. 建立自我认知

成功的体验有助于学生更好地了解自己的兴趣和潜力。他们会逐渐发现自己擅长的领域，并在其中获得满足感和成就感。

（2）培养自主学习能力

积极参与要求学生主动参与，从中探索和学习。这培养了学生的自主学习能力，使他们能够更好地处理新的知识和情境。

a. 主动探索和学习

积极参与要求学生主动参与，从中探索新的知识和经验。这培养了他们的主动学习能力，使他们能够更好地处理新的学习材料和情境。

b. 提高问题解决能力

在积极参与的过程中，学生可能会遇到各种问题和挑战。通过自主学习和解决问题，他们能够培养出色的问题解决能力和创新思维。

（3）促进个人发展

参与多样化的学习活动可以培养学生的兴趣爱好，发展他们的多元技能。这不仅有益于学术发展，还有助于个人全面成长。

a. 培养兴趣爱好

积极参与各类学习活动可以让学生接触不同的领域和兴趣，从而帮助他们发现自己的爱好和特长。这有助于培养学生的综合素质。

b. 发展多元技能

多样的学习活动涵盖了不同的技能要求，学生通过积极参与可以培养多元的技能，如沟通能力、团队合作能力和创造力等。

c. 拓宽视野

积极参与可以让学生接触不同的人和观点，拓宽他们的视野。这有助于培养学生的社会意识和跨文化交往能力。

3. 教育者的角色

（1）激发兴趣

教育者应该激发学生对不同学科和领域的兴趣，让他们愿意积极参与学习活动。

a. 启发好奇心

教育者可以通过提出引人入胜的问题和情境，引发学生的好奇心。好奇心是激发兴趣的重要源泉，可以促使学生积极探索和学习。

b. 连接现实

教育者将学科内容与实际生活和学生的兴趣爱好联系起来，让学生看到学习的实际应用和意义。这有助于激发学生的学习兴趣，让他们更愿意投入学习。

c. 提供多样性

教育者可以提供多样性的学习材料和活动，满足不同学生的兴趣。多样性的选择，可以激发学生积极参与，培养他们对学习的热情。

（2）创设机会

教育者可以有意识地为学生创设多样的学习机会，包括课堂内外的活动，让学生有更多展示自己的机会。

a. 多元活动设计

教育者应该在课堂内外创设多元的学习机会，包括讨论、实验、项目等。这些活动可以让学生从不同角度参与，展示自己的能力和见解。

b. 鼓励自我表达

教育者创设鼓励学生自我表达的环境，让他们有机会分享自己的意见、想法和经验。这有助于提高学生的自信心，让他们感到自己的声音被重视。

c. 提供支持与反馈

教育者应该为学生提供支持和积极的反馈，鼓励他们勇敢地参与各种学习活动。及时的反馈可以帮助学生认识到自己的进步和成就，增强自信心。

（3）肯定努力

教育者应该肯定学生的努力和付出，不仅关注结果，更关注过程中的付出。

a. 关注过程

教育者应该关注学生在学习过程中的努力和付出，而不仅仅是结果。这种关注可以让学生明白努力本身就是值得被肯定和鼓励的。

b. 赞赏进步

不论学生的起点如何，教育者都应该赞赏他们的进步和成长。这可以建立起学生的自信心，让他们更愿意接受新的挑战。

c. 树立正面自我形象

通过正面的肯定和鼓励，教育者可以帮助学生树立积极的自我形象。这有助于学生建立健康的自尊心和自信心。

通过积极肯定与鼓励、设置可行目标、鼓励自我反思及鼓励积极参与，教育者可以在教学实践中创造一个积极的学习环境，培养学生的自尊和自信，促进他们全面发展和成长。这些方法不仅有助于提升学术表现，还能够影响学生的情感态度和人际交往能力，为他们未来的成功打下坚实的基础。

第七章　跨文化心理学与教育研究

第一节　跨文化心理学的理论和研究方法

一、文化对心理过程和行为的塑造作用

（一）文化的定义与影响

文化是指一组共享的价值观、信仰、习惯、社会规范及其他社会传递的观念和行为方式。不同文化对个体的认知、情感、行为等心理过程产生深远影响。文化塑造了人们的自我认知、情绪表达、社会互动等方面，使人们形成了独特的心理特征。

1. 文化的定义与多元性

（1）文化的多重维度

文化是一个多维度的概念，涵盖了各种社会、历史和地理因素。它不仅包括了语言、宗教、道德观念，还包括了社会组织、政治结构、经济体系等。文化是人类社会共同的框架，塑造了人们的行为、思维和情感。

（2）文化的传承与变迁

文化是代代相传的，但也随着时间和环境的变化而演变。不同历史时期和社会背景下，文化可能会发生改变和重构。因此，文化是一个动态的概念，它适应了社会的发展和变革。

（3）文化的地域性与全球化

每个地区都有自己独特的文化特点，这些特点与地理、气候、资源等因素有关。然而，随着全球化的进程，不同文化之间的交流和融合也在增加。这使得文化成为一个跨越国界的现象，影响着全球范围内的社会互动。

2. 文化对自我认知的影响

（1）文化与自我概念

文化对个体的自我认知产生了深远影响。个体主义文化强调个人独立和自我表达，个体在这样的文化中可能更加强调自己的个人特质和成就。而在集体主义文化中，个体更可

能将自己的身份与社会群体紧密联系在一起，强调群体的价值和集体荣誉。

（2）文化对自尊与自我价值感的影响

个体主义文化通常强调个人的自主性和成功，因此在这样的文化中，个体可能更容易形成积极的自我价值感。而在集体主义文化中，个体的自我价值可能更多地与群体的认同和社会角色相关联。

（3）文化对自我表达的影响

文化决定了个体在社会互动中如何表达自己。在一些文化中，直接表达个人的情感和意见被鼓励，而在另一些文化中，个体可能更倾向于控制情感的表达，以维护社会和谐。

（二）文化对认知的影响

文化影响了人们的知觉、注意、记忆和思维方式。不同文化对于注意焦点、记忆优势及概念形成方式存在差异。例如，个体主义文化更注重个体的独立性和自主性，而集体主义文化更强调群体的一体性和合作性，因此个体认知过程存在差异。

1. 文化与知觉

（1）文化对知觉的引导

文化对人们的知觉过程产生深远影响。不同文化强调不同的视觉特点，影响人们对环境的注意焦点和关注。例如，东亚文化常强调整体性视觉，更注重环境中的背景信息，因此在视觉任务中，东亚人可能更倾向于关注背景元素，从而获得更全面的信息。

（2）跨文化的知觉偏好

研究发现，不同文化的人们在面对同一视觉刺激时，可能有不同的注意偏好。个体主义文化的人们更可能关注目标对象本身，而集体主义文化的人们可能更关注环境中的上下文信息。这种差异可能影响了人们对于环境的感知和理解。

2. 文化与思维方式

（1）分析性思维与综合性思维

文化对人们的思维方式产生影响，体现在分析性思维和综合性思维的差异上。个体主义文化通常鼓励个体自主和独立思考，因此更倾向于采用分析性思维，将问题分解为单独的组成部分进行思考和分析。

（2）文化与概念形成

文化也影响概念的形成和范畴的界定。不同文化对于概念的划分可能存在差异，这导致人们在认知和表达上产生差异。例如，一些文化可能更注重上下文信息，而另一些文化更强调单一的概念划分。

（3）文化对推理的影响

文化还影响人们的推理方式。个体主义文化更倾向于使用演绎推理，从特例中得出普遍性规则。而集体主义文化可能更多地采用归纳推理，从整体中寻找特例。

文化对认知的影响展示了人类思维的多样性和灵活性。深入研究文化如何影响认知过程，有助于我们更好地理解人类行为的根源和多样性。这种跨文化的认知研究也为教育和跨文化交流提供了重要的指导。

（三）文化对情感的影响

文化塑造了人们的情感体验、表达方式和情感调节方式。不同文化对于情感的表达程度、情感的可接受范围及情感的评价方式存在差异。一些文化鼓励情感的自由表达，而另一些文化则更注重情感的内控和抑制。

1. 文化与情感表达

不同文化对情感的表达方式和接受程度存在差异。一些文化鼓励情感的直接表达，如西方文化，而另一些文化更倾向于情感的内化和控制，如东亚文化。这可能影响个体如何处理和表达情感。

2. 文化与情感评价

文化也影响情感的评价方式。不同文化对于积极情感和消极情感的评价可能存在差异。例如，一些文化鼓励积极情感的追求，而另一些文化可能更强调消极情感的避免。

（四）文化对行为的影响

文化对个体的行为习惯、社会行为规范和行为期望产生影响。不同文化对礼仪、礼貌、社交距离等方面存在差异。例如，一些文化强调个人空间的保持，而另一些文化更倾向于亲密的身体接触。

1. 社会行为规范

文化决定了社会行为规范，包括礼仪、礼貌和社交互动方式。不同文化对于社交距离、目光接触和身体接触的接受程度存在差异。这些规范指导了个体在社交互动中的行为。

2. 行为期望和角色

文化也塑造了个体在不同社会角色下的行为期望。不同文化对于男性和女性、不同年龄层的人的行为期望可能存在差异。这影响了个体在社会中的角色扮演和行为表现。

跨文化心理学的研究揭示了文化对心理过程和行为的深刻影响，为我们理解全球多样性和个体差异提供了重要视角。这些认识不仅在心理学领域具有意义，也在教育、社会交往等领域具有实际应用价值。

二、跨文化研究方法的选择与应用

（一）定义和特点

跨文化研究方法是为了比较和分析不同文化背景下的心理过程和行为而设计的方法。这些方法可以帮助研究者理解文化差异对心理现象的影响。

1. 跨文化研究方法的目的

跨文化研究方法是为了比较和分析不同文化背景下的心理过程和行为而设计的方法。其主要目标在于揭示文化因素对个体行为和心理现象的影响，以及不同文化之间的差异和共性。

2. 跨文化研究方法的特点

跨文化研究方法具有如下特点：

（1）比较性

通过比较不同文化下的心理现象，揭示文化因素对这些现象的影响。

多样性：考虑到世界上众多文化的存在，跨文化研究方法需要关注不同文化之间的多样性和复杂性。

（2）文化敏感性

在研究设计和数据收集过程中，我们需要充分考虑不同文化的特点，确保研究的有效性和准确性。

（二）量化研究方法

设计问卷调查，收集不同文化背景下的数据，以了解心理变量的文化差异。通过量表和统计分析，研究者可以揭示不同文化之间的心理差异和相似性。

1. 设计问卷调查

量化研究方法中的跨文化调查研究通过设计问卷，收集不同文化背景下的数据，以了解心理变量的文化差异。研究者可以在问卷中包含价值观、信仰、行为习惯等方面的问题，以比较不同文化群体的回答。通过量表评估和统计分析，研究者可以揭示不同文化之间的心理差异和相似性。

2. 优势和应用

量化研究方法能够在较大样本上进行调查，获取大量数据，从而得到更为客观的文化差异信息。

适用于探究不同文化之间的定量心理现象，如价值观、态度等。

通过统计分析，研究者可以量化不同文化之间的心理差异，进一步验证跨文化理论。

（三）实验研究

在不同文化背景下设计实验，操纵特定变量，观察其对心理过程和行为的影响。通过控制变量，研究者可以验证特定文化因素对心理现象的影响。

1. 设计跨文化实验

在不同文化背景下设计实验，操纵特定变量，观察其对心理过程和行为的影响。通过控制变量，研究者可以验证特定文化因素对心理现象的影响。例如，可以设计情绪诱发实验，观察不同文化中情绪表达的差异。

2. 优势和应用

实验研究可以控制外界因素，更准确地验证文化因素对心理现象的影响。

可以通过操纵变量，判断特定文化因素与心理过程的因果关系。

适用于探究特定心理现象在不同文化中的表现和差异。

（四）质性研究方法

深入比较不同文化中的案例，探究文化背景对心理现象的影响。这种方法可以揭示出不同文化的心理特点和共性。

1. 进行跨文化比较研究

跨文化比较研究通过深入比较不同文化中的案例，探究文化背景对心理现象的影响。研究者可以通过深度访谈、内容分析等方法，了解不同文化的心理特点和共性。例如，可以比较不同国家的领导力观念，揭示文化因素对领导行为的影响。

2. 优势和应用

质性研究方法能够深入探究个体的经验、观点和行为背后的文化因素。

可以挖掘文化对个体心理现象的影响机制，揭示深层次的文化因素。

适用于探究复杂的心理现象在不同文化中的变化和原因。

（五）文化分析研究

深入研究某一文化中的历史、价值观、传统等，分析其对心理过程和行为的塑造作用。这种方法有助于理解文化因素如何在特定社会中产生影响。

1. 深入研究文化背景

文化分析研究深入研究某一文化中的历史、价值观、传统等，分析其对心理过程和行为的塑造作用。研究者可以通过文献分析、观察等方法，理解特定文化因素如何影响个体的心理现象。

2. 优势和应用

文化分析研究能够从宏观角度理解文化因素如何塑造心理特点和行为。

可以揭示出特定文化中的心理现象背后的深层文化因素。

适用于深入了解特定文化中心理现象的文化根源和历史背景。

第二节　文化因素对教育的影响

一、不同文化背景下的学习价值观与学习动机

（一）学习价值观的文化差异

不同文化背景下，个体对于学习的看法和价值观可能存在显著差异。在一些文化中，学习被视为获取知识和提升个人能力的重要途径，因此学习被赋予高度的社会价值。而在另一些文化中，人们可能更强调学习为达到社会地位和经济成功的手段。这些不同的学习价值观会影响个体的学习态度和投入程度。

1. 学习价值观的定义与多样性

学习价值观是个体对学习的看法、重要性和目的的总和。不同文化背景下，人们对学习的价值和意义有所不同。在一些文化中，如东亚国家，学习被视为道德修养和个人发展的重要途径，被赋予高度的社会价值。而在一些西方国家，他们可能更强调学习为获取实际技能和应对职业挑战的手段。

2. 文化对学习价值观的影响

文化背景深刻影响个体的学习价值观。集体主义文化强调社会互动和团队合作，因此学习可能更多地与社会联系和团体成就相关联。相比之下，个体主义文化注重个体自主性和独立思考，个人的成长和发展更受重视。这些文化因素直接塑造了人们对于学习的态度和动机。

（二）学习动机的文化影响

文化背景也可能影响个体的学习动机。在一些文化中，集体主义价值观强调团队合作和社会认同，因此个体可能更倾向于追求团体的成功，而不仅仅是个人的成就。相反，个体主义文化强调个体的独立性和自主性，个人的学习动机可能更多地源自个人的兴趣和目标。

1. 文化对学习动机的塑造

文化背景不仅影响个体的学习价值观，还对学习动机产生影响。在集体主义文化中，个体可能更倾向于为了集体荣誉、社会认同或家庭利益而学习。这种社会性的动机推动个体为整体的利益努力。而在个体主义文化中，学习动机可能更多地源自个人内部的兴趣、目标和自我实现的欲望。

2. 文化因素与自我效能感

自我效能感是个体对自己能力的评价，也与学习动机密切相关。在集体主义文化中，个体可能更强调群体认同，因此他们的自我效能感可能与群体关系紧密相连。相反，在个体主义文化中，个体的自我效能感可能更多地建立在个人能力和独立性之上。

（三）教育策略的文化适应

文化因素对学习价值观和学习动机的影响意味着教育策略需要考虑不同文化背景下的差异。教育者应该了解学生的文化背景，设计适应性的教学方法，以激发学生的学习兴趣和动机。集体主义文化强调合作和社会认同的教学方式可能更具有效性；个体主义文化强调个体成就和自主学习的策略可能更为适用。

1. 文化敏感教学法

由于文化对学习价值观和学习动机的影响，教育者需要采取不同的教育策略来适应不同文化背景的学生。文化敏感教学法强调了解学生的文化特点，设计了与其文化价值观和动机相匹配的教学内容和方法。这可以增强学生的学习投入和效果。

2. 培养跨文化意识和交流能力

跨文化意识和交流能力对于现代教育具有重要意义。教育者应该培养学生的跨文化意识，让他们能够理解和尊重不同文化的差异。同时，培养跨文化交流能力，使学生能够有效地与来自不同文化背景的人合作和交流，这对于未来的职业和全球交往至关重要。

二、跨文化适应与跨文化交流的挑战与机遇

（一）挑战：文化冲突和适应困难

跨文化适应面临着文化冲突和适应困难的挑战。个体从一种文化转变到另一种文化可能面临价值观、社会规范等方面的不适应。这可能导致情感困扰、沟通障碍及自我认同问题，从而影响个体在学校和社会中的表现和心理健康。

1. 文化冲突的心理压力

跨文化适应的过程中，个体往往会面临不同文化价值观之间的冲突，从而导致心理压力和困扰。每种文化都有其独特的信仰、习惯和社会规范，而当个体从一个文化背景转变到另一个文化背景时，他们可能会感受到内外部的文化冲突。例如，个体主义文化强调个人独立和自主，而集体主义文化强调社会共同体和群体利益。这种不同的价值观可能导致个体的困惑和矛盾，产生心理上的压力。

2. 适应困难的情感问题

适应新文化可能伴随着情感问题，如孤独感、焦虑和抑郁等。个体远离家乡、离开熟悉的社会支持系统和社交网络，可能会感到孤独和失落。文化差异可能导致的社交和交往困难，加剧了这种情感问题。此外，文化适应过程中的不确定性和挑战性也可能引发个体的焦虑，从而影响到他们的情感健康。

3. 跨文化沟通障碍

语言和交流障碍是跨文化适应的一个重要挑战。个体可能需要适应新的语言环境，克服语言障碍，才能有效地参与学习和社交活动。即使个体掌握了语言，不同文化间的交际模式和非语言沟通方式也可能引发误解和沟通障碍。这些沟通困难可能导致个体在学校和社会中的自信心受损，影响他们的社交和学业成就。

（二）机遇：跨文化教育的丰富性

跨文化适应也为个体带来了机遇。通过跨文化交流，个体可以拓宽视野，认识不同文化的优势和价值。在国际化的教育环境中，跨文化适应可以培养学生的国际视野、跨文化交流能力和跨文化合作能力，使他们更具竞争力和适应性。

1. 培养跨文化交流能力

通过与不同文化背景的人交往，个体可以学习如何尊重和理解不同的价值观和观念。这种能力在全球化时代具有重要意义，它使个体能够更好地与世界各地的人进行合作和交流。

2. 拓宽视野和认知范围

跨文化适应可以帮助个体拓宽视野，认识到世界的多样性。通过接触不同文化的人和

事物，个体可以更深入地了解其他国家的历史、文化和社会制度，从而丰富自己的知识和认知范围。

3. 提升适应性和竞争

适应不同文化环境需要灵活性和创造力，这些能力在职业和社会交往中具有重要价值。具备跨文化适应能力的个体更具竞争力，其可以在多元文化的背景下脱颖而出。

第三节　跨文化心理学在教育研究和实践中的应用

一、设计跨文化教育课程与材料

跨文化心理学为教育研究和实践提供了宝贵的指导，特别是在设计跨文化教育课程和材料方面。以下是跨文化心理学在这个领域的应用：

（一）了解学生的文化背景

跨文化教育课程的设计首先需要深入了解学生的文化背景。跨文化心理学提供了方法和理论来探索不同文化中的价值观、信仰、行为习惯等。教育者可以通过文化调查、访谈、问卷调查等方式了解学生的文化特点，从而更好地定制课程内容。

1. 文化背景的重要性

在设计跨文化教育课程与材料时，了解学生的文化背景至关重要。每个学生都带有独特的文化背景，包括价值观、信仰、行为模式等。这些文化因素会影响学生的学习方式、与他人的互动及对教育内容的理解。

2. 文化调查与深入访谈

跨文化心理学提供了多种方法来了解学生的文化背景。教育者可以进行文化调查，通过问卷或访谈了解学生在家庭、社区和教育环境中的文化经验。深入访谈可以帮助教育者获取更具体和个体化的信息，从而更好地把握学生的文化特点。

3. 跨文化心理学的理论应用

跨文化心理学的理论，如霍夫斯泰德的文化维度理论、集体主义与个体主义的对比等，可以帮助教育者理解不同文化中的心理差异。例如，了解某一文化是否强调集体合作，或是更注重个体自主，有助于教育者调整教学策略，更好地满足学生的学习需求。

（二）整合多元文化内容

跨文化心理学鼓励教育者在教材和课程中整合多元文化的内容。这可以通过引入不同文化的案例、历史背景、文学作品、传统艺术等方式实现。这样的设计可以帮助学生更好地理解和尊重不同文化，促进跨文化意识的培养。

1. 多元文化教材的引入

跨文化教育课程应该积极引入多元文化的教材和内容。这包括来自不同文化的案例研究、历史故事、文学作品、艺术品等。教育者可以选择那些能够凸显不同文化间共性和差异的材料，以帮助学生更全面地理解世界的多元性。

2. 提升跨文化意识

引入多元文化内容有助于培养学生的跨文化意识。学生可以通过学习不同文化的历史、传统、艺术等，更好地认识到文化的复杂性和多样性。这不仅可以消除学生对陌生文化的误解，还可以增强学生的跨文化交流能力。

（三）培养跨文化交流能力

跨文化教育课程应该强调培养学生的跨文化交流能力。教育者可以借助跨文化心理学的理论，教授有效的跨文化沟通策略，帮助学生克服文化隔阂，提升其在多元文化环境中的交流和合作能力。

1. 跨文化交流的挑战

跨文化交流可能面临语言障碍、价值观差异、非语言交流误解等挑战。教育者可以通过引入实际案例和跨文化交流模拟情境，让学生在虚拟的文化交流中体验挑战，并提供解决方案。

2. 跨文化沟通策略

跨文化心理学的理论可以帮助教育者教授学生有效的跨文化沟通策略。例如，教学生如何适应不同的非语言沟通方式、如何避免文化冲突、如何倾听和尊重不同文化的观点等。这些策略有助于学生在跨文化环境中更加顺利地交流和合作。

二、促进跨文化教师培训与教育政策制定

（一）跨文化教师培训

跨文化心理学为教师培训提供了重要的指导，帮助教育者更好地应对不同文化背景下的学生。跨文化教师培训应该涵盖文化敏感性、跨文化交流技巧、多元文化教学策略等方面的内容。通过跨文化心理学的理论和实践，教师可以更有效地满足不同学生的需求，创造包容性的教育环境。

1. 跨文化教师培训的必要性

在当今日益多元化和全球化的教育环境中，跨文化教师培训显得尤为重要。教育机构面临着来自不同文化背景的学生，教师需要具备跨文化的教育素养，以更好地理解、尊重和满足不同背景学生的学习需求。

在多元文化的教育环境中，教师的角色不仅仅是知识的传授者，更是文化的中介者和跨文化交流的桥梁。跨文化教师培训有助于提升教师的专业素养，使其能够更好地应对跨文化挑战，创造包容性的学习环境，促进学生的跨文化交流与合作。

2. 文化敏感性的培养

跨文化心理学的理论可以帮助教师培养文化敏感性，即意识到并尊重不同文化间的差异。培训可以帮助教师认识到自己的文化偏见，从而更好地应对学生的多元文化需求。

（1）理解文化差异的重要性

跨文化心理学强调文化对个体认知、情感和行为的影响，教师培训应该引导教师认识到不同文化之间的差异。教师需要了解到不同文化对于教育价值观、学习方式及社会互动的影响，以更好地理解学生的行为和需求。

（2）意识到个人文化偏见

培训教师需要引导教师认识到自己可能存在的文化偏见和刻板印象。个体的文化背景和社会化经历可能影响他们对其他文化的认知和态度。教师需要反思自己的观念和偏见，以减少其对学生的影响。

（3）培养文化相对主义思维

跨文化心理学鼓励培养文化相对主义思维，即认识到不同文化都有其内在的合理性和合适性。教师培训应该帮助教师超越自身文化的狭隘视角，理解其他文化的观点和行为，以建立更开放和包容的教学环境。

3. 跨文化交流技巧的提升

培训教师掌握跨文化交流技巧是关键。教师需要了解不同文化中的非语言沟通方式、礼仪规范等，以避免误解和冲突。通过角色扮演、案例分析等方式，教师可以提升在多元文化环境中的沟通效果。

（1）学习非语言沟通技巧

跨文化交流不仅仅依赖于语言，还包括非语言沟通方式。教师培训可以教授教师如何解读不同文化中的非语言信号，如肢体语言、面部表情和眼神接触，从而更准确地理解学生的意图和情感。

（2）跨文化冲突管理

教师在跨文化环境中可能会遇到冲突和误解。培训可以教授教师如何有效地处理跨文化冲突，通过沟通、倾听和协商来解决问题，以避免冲突升级影响教学效果。

（3）培养跨文化共情能力

跨文化心理学强调理解他人的文化背景和情感体验，以培养跨文化共情能力。教师培训可以通过情景模拟、角色扮演等方式让教师体验不同文化角色的情感和体验，从而更好地理解学生的情感需求。

4. 多元文化教学策略的应用

跨文化心理学的研究为教师提供了多元文化教学策略。教师可以了解不同文化中的学习风格、价值观和学习习惯，从而在课堂中应用相应策略，使学生更有效地学习。例如，在集体主义文化中，强调合作学习和团队项目可能更为有效。

（1）了解学生的学习风格和需求

跨文化教师培训应该帮助教师了解不同文化的学习风格和学习需求。教师可以通过调查问卷、小组讨论等方式了解学生的学习偏好，以便根据不同背景学生的需求调整教学策略。

（2）引入多元文化教材和案例

教师培训可以鼓励教师引入多元化的教材和案例，以丰富课堂内容。通过引入不同文化背景的案例、历史事件、文学作品等，教师可以帮助学生更深入地理解其他文化的视角和经验，促进跨文化理解和尊重。

（3）促进合作学习和文化交流

跨文化教师培训可以鼓励教师采用合作学习的策略，促进不同背景学生之间的合作和交流。合作学习可以让学生从彼此的经验和知识中受益，培养跨文化合作能力，并且有助于减少文化隔阂。

（4）个性化教学和支持

教师培训应该强调个性化教学和支持，根据不同学生的文化背景和学习需求提供定制化的教育。教师可以利用跨文化心理学的知识，为学生提供个性化的辅导和支持，确保每个学生都能够挖掘自己的潜力。

（二）教育政策制定

了解学生的文化背景、需求和挑战，可以为政策制定者提供有价值的信息。政策制定者可以借鉴跨文化心理学的研究成果，制定更加包容性和适应性的教育政策，以促进所有学生的全面发展。

1. 了解学生的文化需求

跨文化心理学的研究成果为政策制定者提供了了解学生文化需求的重要线索。通过文化调查、焦点小组讨论等方式，政策制定者可以深入了解学生不同文化背景下的学习需求、情感需求及社交需求。例如，来自集体主义文化的学生可能更强调合作学习和团队项目，而来自个体主义文化的学生可能更注重自主学习和个人表现。这些信息可以帮助政策制定者制定更有针对性的政策，满足不同学生的需求。

2. 制定包容性的教育政策

跨文化心理学的理论可以引导政策制定者制定包容性的教育政策。这意味着政策应该考虑到不同文化背景学生的差异，提供相应的支持和资源，以确保每个学生都能够充分参与学习并挖掘个人潜能。例如，政策可以鼓励学校提供文化敏感性培训给教师，以帮助他们更好地理解和满足不同学生的需求。政策还可以推动学校提供多元化的学习资源和辅助服务，以支持那些可能面临适应困难的学生。

3. 促进多元文化教育

政策制定者可以借助跨文化心理学的理论，鼓励学校和教育机构在课程中引入多元文化的内容。政策可以推动学校开设多元文化教育课程，涵盖不同文化背景的历史、文化、艺术等方面的内容。这样的课程可以帮助学生更好地理解和尊重不同文化，培养跨文化意识和交流能力。此外，政策还可以鼓励学校举办文化活动、国际交流等，为学生提供更多接触和体验不同文化的机会。

通过了解学生的文化需求、制定包容性政策及促进多元文化教育，教育政策制定者可以为教育体系创造更加包容和适应性的环境。这将有助于培养具有跨文化素养的学生，使他们能够在全球化时代更好地融入和贡献。同时，这也将为社会的多元和谐作出积极的贡献。

第八章　心理学与教育政策的关系

第一节　教育政策制定的基本原则和方法

一、教育政策的重要性与影响范围

教育政策是指为了达到特定教育目标而制定的规定和指导方针。教育政策的重要性在于它对整个教育体系产生广泛而深远的影响。教育政策不仅影响着学生的学习和发展，还涉及教师的教学方法、教育机构的管理、课程设置、教育资源的配置等多个方面。

（一）教育政策的重要性

教育政策是现代社会中推动教育体系运转、实现教育目标的重要工具。其重要性体现在以下几个方面：

1. 指导教育目标与方向

教育政策在社会中的角色之一是为国家和社会设定明确的教育目标和方向。这些目标和方向不仅反映了社会的价值观和需求，还指导着教育体系的发展和运作。教育政策通过明确的教育目标，能够：

（1）确定教育的优先领域

政策制定者可以根据社会发展需求，确定哪些领域的教育需要特别关注，如 STEM 教育、职业技能培训等。

（2）引导教育发展方向

教育政策能够为教育体系提供发展方向，使教育更加紧密地与国家的长远发展目标相一致。

（3）确保教育质量

设定明确的教育目标有助于监测和评估教育质量，从而提升教育水平。

（4）满足社会需求

教育政策可以调整教育体系，以满足社会对不同类型人才的需求，从而实现人力资源的合理配置。

2. 提高教育质量

教育政策的制定与实施直接关系到教育质量的提升。通过政策的引导，政府和教育机构能够优化资源配置、改进教学方法，并确保教育质量的持续提升。教育政策在提高教育质量方面的作用体现在：

（1）资源分配优化

教育政策可以引导资源的公平分配，确保不同学校和地区都能够获得足够的教育资源，从而提升教育的均衡性和质量。

（2）教师专业发展

政策制定者可以制定教师培训和发展政策，提供教师专业成长的机会，提高他们的教育素质和教学水平。

（3）教学方法创新

教育政策可以鼓励教育机构探索创新的教学方法和教材，以适应不断变化的学习需求和教育环境。

（4）评估和监测体系建设

通过建立科学的评估和监测体系，政策制定者可以对教育质量进行定期评估，及时调整政策，以保证教育的持续改进。

（5）国际合作与经验借鉴

教育政策可以借鉴国际先进经验，吸收国际教育质量提升的成功做法，促进教育水平的提高。

通过教育政策的制定与实施，教育质量的提升不仅能够推动国家的社会进步，也能够为学生提供更优质的教育体验和发展机会。

3. 促进教育公平

教育政策在促进教育公平方面扮演着至关重要的角色。教育公平意味着每个学生都应该有平等的机会接受优质教育，不受其社会、经济、文化背景的限制。教育政策可以通过多种方式来实现教育公平：

（1）资源均等分配

政策制定者可以确保教育资源在各个地区和学校之间的公平分配，以消除教育资源的不平等现象。

（2）经济支持与减负政策

通过提供教育补贴、奖学金等经济支持措施，政策可以帮助家庭经济困难的学生获得更好的教育机会。此外，减轻学生过重的学业负担也是提高教育公平的一项重要举措。

（3）特殊需求学生支持

教育政策可以关注特殊需求学生，制定相应的支持政策，确保他们在教育过程中能够获得适当的支持和资源。

（4）多元文化教育

教育政策可以鼓励学校提供多元文化的教育内容，以满足不同文化背景学生的需求，避免文化差异导致的不平等。

4. 培养人才和创新

教育政策不仅影响着学生的知识与技能的培养，还应当促进人才的全面发展，培养创新思维和创造力。通过适当的政策制定，教育体系可以成为培养具有创新能力和创业精神的人才的温床。教育政策在培养人才和创新方面的作用体现在：

（1）创新教育

教育政策可以鼓励学校创新教学方法，培养学生的创新思维和解决问题的能力。这可以通过项目制学习、实践课程等方式实现。

（2）科研支持

鼓励学校和学生参与科研项目，为学生提供展示创新成果的机会，从而培养创新能力和科学精神。

（3）创业教育

教育政策可以鼓励学校开设创业教育课程，培养学生的创业意识和创业技能，为他们未来的职业发展做好准备。

（4）跨学科教育

通过鼓励跨学科的教育模式，政策可以培养学生的多领域知识和综合分析能力，促进创新和交叉学科的发展。

5. 适应社会发展

教育政策制定应当密切关注社会的发展趋势和需求，不断调整以适应新的挑战和机遇。社会发展的变革对教育体系提出了新的要求，教育政策可以通过以下方式来适应社会发展：

（1）关注新兴领域

随着科技和产业的发展，教育政策可以推动教育体系引入新兴领域的知识和技能，培养适应未来社会需求的人才。

（2）持续职业发展

政策可以鼓励学生和教育从业者进行持续职业发展，不断更新知识和技能，以应对不断变化的工作市场。

（3）培养终身学习意识

教育政策可以强调培养学生的终身学习意识，使他们具备自主学习的能力，能够不断适应新的知识和技能需求。

（4）强调核心素养

鉴于社会发展对人才的综合素质提出更高要求，教育政策可以强调培养学生的核心素养，如创新能力、沟通能力、问题解决能力等。

（5）人才流动和国际化

随着全球化的加深，教育政策可以鼓励学生和教育从业者参与国际交流与合作，培养具有国际视野和跨文化交流能力的人才。

（6）社会价值观的引导

教育政策可以传递社会价值观，引导学生在社会发展中担当责任，积极参与公共事务，推动社会的良性发展。

（二）教育政策的影响范围

教育政策的影响范围涵盖了多个层面，从国家到地方，甚至到学校等：

1. 国家层面

在国家层面，教育政策的制定涵盖了整个国家的教育体系。这包括制定国家的教育目标，规划教育课程和教材，确保教育资源的公平分配，提高教师培训和职业发展机会，以及建立学生评估和教育质量保障体系。国家层面的教育政策制定为教育体系提供了统一的指导框架，有助于保障全国范围内的教育质量和公平性。

2. 地方层面

不同地区的文化、社会背景和经济状况各异，因此地方层面的教育政策需要根据当地的需求进行调整。地方政府可以根据地区特点制定适宜的教育政策，确保教育服务更好地满足本地学生的需求。这可能包括关注少数民族学生的语言和文化需求，调整课程内容以符合地方产业发展的需要，等等。

3. 学校层面

学校是教育政策的实际执行者，学校层面的政策制定涉及课程设置、教学方法、学生评价、资源配置等方面。学校可以根据学生特点和学校定位制定教育政策，以提高教育质量和学生满意度。例如，学校可以根据学生的文化背景和需求，调整教学内容和方法，创造更具包容性的学习环境。

4. 教育机构层面

教育机构如培训机构、职业学校等也可以制定自己的教育政策，以保障教育质量和教育目标的达成。这包括制定专业培训课程、推动教师专业发展、建立教育资源共享机制等。

5. 家庭和社会层面

教育政策的影响还延伸到家庭和社会。政策可以通过家庭教育指南、家长培训等方式，引导家庭更好地支持孩子的学习。社会层面的政策可以关注教育的社会影响，鼓励社会参与教育，推动教育的文化传承和社会价值的塑造。

教育政策的重要性不仅在于其能指导教育的发展，还在于为整个社会的可持续发展提供基础人力资源。通过制定明确的政策，政府和教育机构可以更好地推动教育改革和创新，以适应不断变化的社会需求。

二、教育政策制定的参与者与流程

（一）参与者

教育政策制定涉及多个参与者，包括政府部门、教育机构、教育专家、教师、家长、学生等。政府部门在制定和执行教育政策时扮演重要角色，他们有责任协调各方资源，确保政策的实施。教育机构和教育专家可以提供专业的意见和建议，确保政策的合理性和可行性。教师、家长和学生是政策的直接受益者和执行者，他们的反馈和参与对政策的有效性至关重要。

1. 政府部门

政府在教育政策制定中担当重要角色。教育政策需要考虑到国家的发展目标、社会需求和经济状况。政府部门负责协调各个相关部门的资源，确保政策的制定和实施能够顺利进行。他们也需要制定法规和法律框架，确保教育体系的合法性和公平性。

2. 教育机构和教育专家

教育机构和教育专家为教育政策制定提供专业的意见和建议。他们可以通过研究和实践经验，提供关于教育课程、教学方法、教师培训等方面的建议。教育专家的参与有助于确保政策的合理性、可行性和实用性。他们可以提供数据支持，评估政策的影响和效果。

3. 教师

教师是教育政策的实际执行者，他们直接参与教育教学工作。因此，教师的反馈和参与对政策的制定和实施至关重要。教师可以提供关于教学现实、学生需求和教育挑战的实际经验，有助于政策制定者更好地理解教育现场的情况。

4. 家长

家长在教育政策制定中的角色也十分重要。他们关心子女的教育质量和学习环境，其对政策的满意度直接影响到政策的有效性。政策制定者可以通过家长的反馈了解家庭的期望和需求，从而调整政策以更好地满足家长和学生的期望。

5. 学生

学生是教育政策的最终受益者之一，也是政策的执行者之一。学生的参与可以提供关于教育体验、学习需求和问题的反馈。政策制定者可以通过学生的意见了解政策在实际应用中的效果，从而做出相应的调整。

6. 社会利益相关者

除了上述参与者，还有其他社会利益相关者如教育组织、NGO、企业等，他们也可能在教育政策制定中发挥作用。他们可以提供各自领域的专业建议，推动教育政策与社会需求的紧密结合。

综合而言，教育政策制定涉及多个参与者，他们在各自的角色中共同贡献，确保教育政策的制定和实施更加科学、合理和有效。他们的合作与协调有助于推动教育体系的全面发展和社会的进步。

（二）流程

教育政策的制定通常包括以下流程：

1. 议题确定与问题分析

教育政策制定的第一步是确定需要解决的教育议题，并对问题进行深入分析。政府或教育机构会通过调研、数据分析等方式，了解当前教育体系中存在的问题，如教育质量低下、资源分配不均等。问题分析阶段需要明确问题的根本原因，从而为后续政策制定提供指导。

2. 政策制定

基于问题分析的结果，政府或教育机构制定具体的政策方案。政策方案应该明确政策的目标、预期效果及具体的措施。政策的制定需要充分考虑相关利益关系和可行性，确保政策能够实际落实并产生预期效果。

3. 征求意见

在政策制定的初期，征求各方意见是必要的。教育专家、学者、教师、家长和学生等都可以提供有关政策方案的建议和反馈。这有助于政策制定者更全面地了解不同群体的需求和担忧，从而做出更合理的决策。

4. 政策评估

政策实施后，需要定期进行政策评估，以了解政策的实际效果。评估可以通过收集相关数据、进行调研和分析等方式来完成。评估结果可以帮助政策制定者了解政策是否达到预期目标，是否存在不足之处，从而为政策的调整和改进提供依据。

5. 政策实施与监督

将政策付诸实施是政策制定的关键环节。政府或教育机构需要建立相应的实施机制，确保政策能够落地生根。同时，建立监督机制也是必要的，其可以确保政策的执行符合预期，防止出现滥用或偏差。

6. 反馈与修订

在政策实施过程中，政府或教育机构需要不断收集各方的反馈意见。这些意见可以来自教师、家长、学生等。根据反馈意见和实际执行情况，政策制定者可以对政策进行修订和调整，以更好地适应实际需求和问题。

第二节　心理学在教育政策制定中的作用和贡献

一、基于心理学研究的政策建议

心理学在教育政策制定中发挥着重要的作用，通过深入研究和分析，为政策制定者提供有针对性的建议。心理学研究可以帮助政策制定者更好地了解学生的认知、情感和行为特点，从而为教育政策的制定提供科学依据。例如，研究可以揭示学生学习动机、自我调节能力和注意力分配等方面的差异，这些差异可能影响到教育政策的实施效果。基于这些研究，政策制定者可以针对不同学生群体制定相应的教育政策，以促进他们的学习和发展。

（一）了解学生的认知特点与学习动机

心理学研究可以深入探索学生的认知特点和学习动机，从而为教育政策制定者提供有关教学策略和课程设计的建议。通过认知心理学的研究，我们可以了解不同年龄段学生的认知发展阶段，他们的学习兴趣和学习偏好。基于这些研究结果，政策制定者可以设计更符合学生认知发展特点的教材和教学方法，提高学生的学习效果和满意度。另外，了解学生的学习动机，如内在动机和外在动机的比重，可以为制定激励机制和奖励措施提供科学依据，从而激发学生的学习兴趣和积极性。

1. 了解学生的认知特点

心理学研究为教育政策制定者提供了关于学生认知特点的深刻洞察。认知心理学的研究揭示了不同年龄阶段学生的认知特点，如儿童的思维逻辑、青少年的抽象思维和成年人的问题解决能力。这些认知特点直接影响到学生对教学内容的理解和掌握程度。基于这些研究，政策制定者可以设计更加符合学生认知发展水平的教材，确保教育内容的适切性和有效性。例如，针对儿童，教育者可以采用具体、图像化的教学材料；对于青少年，教育者可以提供案例分析和实际应用的内容；对成年人，教育者可以强调问题解决和批判性思维。

2. 考虑学生的学习兴趣和学习偏好

心理学研究还可以深入了解学生的学习兴趣和学习偏好，为教育政策制定者提供指导。个体差异在学习兴趣上体现明显，有些学生对于某些学科或领域更感兴趣，而对其他领域可能缺乏兴趣。了解学生的兴趣可以帮助教育者制定更有吸引力的课程内容，激发学生的学习热情。另外，学习偏好也影响学习效果，有些学生更适应于听觉教学，而其他人则更适合视觉或实践教学。根据这些偏好，政策制定者可以提供多样化的教学方法，满足不同学生的学习需求。

3. 激发学生的内在动机

心理学研究对于学生的学习动机有深入的理解，包括内在动机（出于兴趣和满足感）和外在动机（为了获得奖励或避免惩罚）。政策制定者可以借助这些研究结果设计激励机制，以激发学生的内在动机。例如，鼓励学生追求自主性和自我实现的目标，设计具有挑战性和个性化的任务，从而增强学生的学习动机。此外，教育者了解不同类型的奖励对于学生的激励效果，可以制定更有效的激励政策，如奖学金、表扬和荣誉证书，以提高学生的积极性和投入度。

（二）关注学生的情感健康与社交互动

心理学研究还可以关注学生的情感健康和社交互动，为政策制定者提供有关心理健康支持和社交支持的建议。情感健康在学生的学习和发展中起着重要作用，心理学研究可以揭示学生在学习压力、焦虑、抑郁等方面的情感特点。基于这些研究，政策制定者可以制定相关的心理健康支持政策，如提供心理咨询服务和情感管理课程，帮助学生更好地应对情感问题。此外，社交互动也影响学生的学习和发展，心理学研究可以揭示学生之间的社交关系、同伴互动和社会适应问题。基于这些研究，政策制定者可以制定促进正面社交互动和减少欺凌行为的政策，创造积极的学习环境。

1. 关注学生的情感健康

心理学研究在教育政策制定中可以关注学生的情感健康，这对学生的学习和整体发展至关重要。情感健康问题如学习压力、焦虑和抑郁可能影响学生的学习效果和心理健康。通过心理学研究，我们可以深入了解学生在不同年龄段、性别和文化背景下的情感特点，以及可能导致情感问题的原因。政策制定者可以基于这些研究结果，制定针对性的支持政策，如提供心理咨询服务、开设情感管理课程和推广心理健康教育。这些政策将帮助学生更好的认识和应对情感问题，从而提升他们的情感健康水平。

2. 关注学生的社交互动

社交互动对学生的学习和发展同样具有重要影响。心理学研究可以揭示学生之间的社交关系、同伴互动和社会适应问题。了解学生在社交互动中可能遇到的挑战，如孤立、欺凌和群体压力，这有助于制定相应的政策来创造积极的学习环境。政策制定者可以考虑引入社交技能培训课程，帮助学生发展健康的社交技能和人际关系。此外，制定反欺凌政策和鼓励积极的同伴互动可以减少学生之间的不良社交行为，提升整体学习氛围。

3. 综合支持学生的整体健康发展

了解学生的情感健康和社交互动状况，并据此制定政策，可以为学生的整体健康发展提供有力支持。关注情感健康问题，提供情感支持和心理健康教育，有助于学生更好地管理情感问题，增强情感韧性。同时，关注社交互动问题，促进积极的同伴互动和社交技能的培养，将有助于学生建立良好的人际关系和社交网络。综合而言，心理学在教育政策制定中的作用体现在关注学生的情感健康和社交互动，为学生的全面发展提供支持和保障。

（三）优化教育评估和反馈机制

心理学研究可以为教育政策制定者提供关于教育评估和反馈机制的建议。了解学生的评估偏好和反馈接受程度可以帮助政策制定者优化考核和评价体系。通过教育心理学的研究，我们可以了解学生对于不同类型的评估方法的态度，如考试、作业、项目等。基于这些研究，政策制定者可以调整评估方法，使其更符合学生的认知特点和学习需求，从而减少评估的压力和焦虑。另外，了解学生对于不同类型的反馈方式的接受程度，如及时反馈、具体反馈等，可以帮助政策制定者设计更有效的反馈机制，促进学生的自我调节和改进意识。

1. 了解学生的评估偏好和反馈接受程度

心理学研究可以深入了解学生对于不同评估方法和反馈方式的偏好和接受程度。了解学生对于考试、作业、项目等评估方式的态度，以及他们认为哪种评估方法更能准确地反映他们的学习成果，有助于制定更合理和科学的评估体系。通过调查、实验和定性研究等方法，心理学研究可以揭示不同学生群体的评估方式的差异和影响因素，从而为政策制定者提供有关优化评估体系的建议。

2. 优化考核和评价体系

基于心理学研究的结果，政策制定者可以优化考核和评价体系，以更好地满足学生的认知特点和学习需求。例如，对于不同年龄段的学生，我们可以采用不同难度和形式的考核方式，以确保评估的公平性和有效性。此外，我们可以探索引入多元评价方法，如基于项目的评估、实践性考核等，以更全面地评价学生的能力和综合素质。优化的评价体系有助于减轻学生在考试中的焦虑感，增强他们的学习动机和积极性。

3. 设计有效的反馈机制

学生的反馈接受程度对于教育效果至关重要。心理学研究可以揭示学生对于不同类型的反馈方式的偏好，以及哪种反馈方式更有助于他们的学习和成长。基于这些研究，政策制定者可以设计更具体、及时和个性化的反馈机制，帮助学生更好地了解自己的学习进展和不足之处。同时，政策制定者还可以鼓励教师提供建设性的反馈，引导学生积极改进。有效的反馈机制可以提高学生的自我调节能力，提升他们的学习效果和成就感。

4. 综合优化教育评估和反馈机制

心理学研究在优化教育评估和反馈机制方面的作用不可忽视。了解学生的评估偏好和反馈接受程度，优化考核和评价体系，以及设计有效的反馈机制，将有助于创造更有益于学生学习和发展的教育环境。政策制定者可以根据心理学研究的建议，制定更贴近学生实际需求的教育政策，提升教育质量和学生满意度。

二、心理学对教育政策效果评估的支持

在教育政策实施后，政策效果的评估是至关重要的。心理学为政策效果评估提供了科学方法和工具，以确保评估的客观性和可靠性。例如，通过心理学测量工具，我们可以定量地评估政策对学生学习动机、情绪状态、自尊心等心理因素的影响。此外，心理学还可以分析政策对学生学习成绩、社交行为、心理健康等方面的影响，从而为政策的修订和优化提供数据支持。通过心理学的支持，教育政策制定者可以更准确地了解政策的实际效果，及时做出调整和改进。

（一）科学方法和工具的运用

心理学为教育政策效果评估提供了科学的方法和工具，以确保评估的客观性和准确性。心理学研究可以运用实验设计、问卷调查、观察等方法，收集大量的定量和定性数

据，从而全面地评估政策的影响。例如，我们可以使用标准化的心理学测量工具来评估学生的情绪状态、学习动机、自我调节能力等心理因素，以揭示政策对学生心理健康的影响。

1. 实验设计

实验设计是一种强有力的研究方法，它能够控制变量并检验因果关系。在教育政策效果评估中，我们可以将学生随机分配到实验组和对照组，在实验组中实施政策措施，而对照组保持现状。通过比较两组学生的表现，我们可以分析政策对学生学习动机、情感健康等方面的影响。

2. 问卷调查

问卷调查是收集大量定量和定性数据的有效方式。构建针对不同因素的问卷，如学生情感状态、学习动机、心理健康等，可以量化学生的主观感受和变化趋势。这种方法可以结合心理学测量工具，如情感量表、学习动机问卷等，获得客观和可比较的数据。

3. 观察

观察是一种直接收集信息的方法，我们可以通过观察了解学生在教育政策实施下的行为和互动变化情况。通过系统观察学生的学习参与、社交互动和情感表现，我们可以深入了解政策对学生行为和情感的影响，为政策调整提供实际依据。

4. 数据分析

心理学研究的数据分析方法，如统计分析和内容分析，可以对收集到的数据进行深入挖掘。通过分析数据，我们可以发现隐藏的规律、趋势和关联，揭示政策对学生认知、情感和行为的影响机制，为政策的优化提供支持。

5. 长期追踪

教育政策的影响通常需要一定的时间才能显现出来。因此，进行长期追踪研究是非常有价值的。多次测量和比较，可以了解政策在不同时间点的效果变化，帮助政策制定者更全面地评估政策的长期影响。

通过运用上述科学方法和工具，心理学可以为教育政策制定者提供丰富的数据和深入的分析，帮助他们更准确地了解政策效果，优化政策内容，从而更好地促进学生的学习、发展和情感健康。

（二）多维度效果评估

心理学对教育政策效果的评估不仅关注学生的学业成绩，还涉及多个维度，如社交行为、心理健康、自尊心等。心理学研究可以帮助政策制定者全面了解政策的影响范围和深度。例如，政策可能会影响学生的社交关系和同伴互动，心理学可以通过观察和调查方法，评估政策对学生社交适应的影响。

1. 社交行为和人际关系

教育政策往往会对学生的社交行为和人际关系产生影响。通过心理学研究方法，如观察、调查和社会网络分析，我们可以评估政策对学生社交行为的影响。政策可能改变学生之间的互动方式、友谊关系的建立等，这些方面的影响同样重要，我们需要通过定性和定量的数据来进行评估。

2. 心理健康和情感状态

心理健康对学生的学习和发展至关重要。心理学研究可以使用心理学测量工具和定性方法，评估政策对学生情感健康的影响。政策可能引起学生的焦虑、压力或幸福感等方面的变化，评估这些情感状态的变化有助于政策制定者更全面地了解政策的效果。

3. 自尊心和自我概念

教育政策也会对学生的自尊心和自我概念产生影响。心理学的研究方法，如问卷调查和定性访谈，可以评估政策对学生自尊心和自我概念的影响。政策可能影响学生对自己的评价、自信程度等，了解这些方面的变化有助于揭示政策对学生内在状态的影响。

通过多维度的效果评估，心理学帮助政策制定者更全面地了解政策的影响，从而可以更准确地优化政策内容和实施策略。这种综合性的评估方法有助于政策在各个方面都能够实现最大的积极影响，促进学生的全面发展和健康成长。

（三）数据分析和解释

心理学的数据分析方法可以帮助政策制定者深入解读评估结果，从而为政策的修订和优化提供有力的依据。心理学研究可以运用统计分析方法，比较不同群体在政策实施前后的变化，检验政策的实际效果。同时，心理学还可以分析影响政策效果的因素，如学生个体差异、学校环境等，为政策制定者提供更加精细化的建议。

1. 统计分析方法的运用

心理学研究可以借助多样的统计分析方法，比如 t 检验、方差分析、回归分析等，评估政策对学生的影响。政策实施前后的数据比较可以揭示变化的程度和方向。例如，通过比较政策前后学生的情感健康得分，我们可以了解政策对情感健康的影响。这种方法可以帮助政策制定者客观地了解政策的实际效果，从而做出科学的决策。

2. 因素分析与影响因素的识别

心理学数据分析还可以通过因素分析等方法，识别影响政策效果的关键因素。学生的个体差异、学校环境等因素可能会影响政策的实施效果。通过对这些因素的分析，政策制定者可以更准确地了解政策对不同群体的差异性影响，有针对性地进行政策的调整和优化。

3. 趋势分析与长期效果的预测

心理学研究可以通过分析数据的趋势，预测政策的长期效果。长期跟踪数据可以揭示政策在时间维度上的变化趋势，从而预测政策是否能够持续产生积极的影响。例如，通过分析学生学习动机的变化趋势，政策制定者可以预测政策对学生学习动机的长期影响。

综合运用数据分析方法，心理学为政策制定者提供了更深入、更全面的评估结果解释。通过科学的数据分析，政策制定者可以更准确地了解政策的效果和影响机制，从而有针对性地进行调整和改进，以实现教育政策的最佳效果。

（四）及时调整和改进

心理学支持的教育政策效果评估可以帮助政策制定者及时了解政策的实际效果，并根据评估结果做出调整和改进。政策实施过程中可能出现一些意想不到的情况，通过心理学的评估，政策制定者可以发现问题并采取措施进行修正。这有助于保证政策的长期可持续性和有效性。

1. 发现潜在问题和挑战

在教育政策实施过程中，可能会出现一些意想不到的问题和挑战，通过心理学支持的评估，政策制定者可以及早发现这些问题，了解问题的本质和影响程度。例如，某项政策可能在实施初期出现学生的情感压力增加的情况。通过情感健康评估，政策制定者可以及时捕捉到这一问题，并探究其原因。

2. 数据支持的决策

政策的修订和调整应该基于科学的数据支持。心理学支持的评估可以提供数据支持，指导政策制定者制定明智的决策。例如，如果评估结果显示某项政策对学生的学习动机产生了负面影响，政策制定者可以根据具体情况调整政策措施，以恢复学生的学习动机。

3. 提高政策的适用性和针对性

政策制定者可以根据评估结果，调整政策的细节，以提高政策的适用性和针对性。通过了解学生的差异性和特点，政策制定者可以为不同群体制定相应的政策策略。例如，根据评估结果，政策制定者可以在学校中引入更多的社交支持措施，以帮助社交适应问题较为突出的学生。

4. 保障政策的可持续性

及时地调整和改进政策可以保障政策的可持续性。政策制定者在政策实施的过程中，不仅要关注眼前的效果，还要考虑政策的长期影响。通过及时的调整和改进，政策可以更好地适应变化的教育环境和学生需求，从而保证政策的长期有效性。

通过运用心理学的科学方法和工具，教育政策制定者可以更加准确地评估政策的效果，了解其对学生认知、情感、行为等多方面的影响。这种基于心理学的评估不仅可以提供科学的数据支持，还可以为政策的优化和改进提供有力的建议，从而更好地满足学生的学习和发展需求。

第三节　心理学与教育政策的合作与发展

一、跨学科合作提升教育政策的综合性

跨学科合作是推动教育政策制定的重要途径，其中心理学在其合作中扮演着关键角

色。教育政策的制定不仅需要教育领域的专业知识，还需要借助其他学科的视角来全面理解问题和应对挑战，从而实现政策的综合性和全面性。

（一）教育领域与心理学的跨学科合作

教育政策的制定涉及广泛的教育领域，从教学方法到学生发展，都需要综合考虑多个方面的因素。在这个过程中，其与心理学领域的跨学科合作显得尤为重要。心理学为教育政策制定者提供了深入了解学生认知、情感和社交特点的视角。通过心理学研究，政策制定者可以获得关于学生学习动机、自我调节、情绪状态等方面的信息，从而为教育政策的制定和优化提供科学依据。例如，了解不同年龄阶段学生的认知发展，政策制定者可以设计更符合学生认知水平的教材和教学方法，提高学习效果。此外，通过心理学的支持，教育政策可以更好地关注学生的心理健康，为其提供相应的支持和资源，从而促进学生发展。

1. 教育政策制定的综合性需求

教育政策的制定需要考虑多个方面的因素，涵盖了教学方法、课程设置、学生评价、教师培训等多个领域。这些因素相互交织，共同影响着教育体系的运行和学生的发展。然而，仅仅从教育学的角度我们难以全面把握学生的需求和特点。这时，跨学科合作变得尤为重要，而心理学作为一门关注人类行为和心理过程的学科，能够为教育政策制定提供独特的视角。

（1）多因素影响的复杂性与综合性需求

教育政策制定是一个复杂而多样的过程，涉及诸多因素的相互影响和平衡。从教学方法到课程设置，从学生评价到教师培训，每个方面都在影响着教育体系的运行和学生的发展。然而，这些因素之间往往不是孤立存在的，它们相互交织、相互影响，形成一个错综复杂的网络。仅仅从教育学的角度去思考这些因素，我们难以真正洞察问题的本质，因此需要跨学科合作的支持。

（2）心理学在教育政策制定中的独特角色

心理学作为一门研究人类行为和心理过程的学科，为教育政策制定提供了独特的视角和方法。心理学关注个体在不同情境下的认知、情感和行为表现，这些方面在教育过程中具有重要影响。例如，教育政策不仅需要关注教学方法的有效性，还需了解学生的学习兴趣、学习动机和自我调节能力。而这些因素正是心理学所专注的领域，通过心理学的研究，政策制定者可以更深入地了解学生的需求和特点。

（3）综合性政策制定的必要性与跨学科合作

教育政策制定的综合性需求在于，各个因素之间的相互关系使得单一领域的考虑往往难以解决问题。例如，一个优秀的课程设置需要考虑学生的兴趣和认知水平，教师的教学方法及评价体系等多个因素，而这些因素在教育学、心理学、教育经济学等不同领域中都有涉及。因此，跨学科合作变得至关重要，各个领域的专业知识相互融合，才能制定出更为综合和有效的教育政策。

2. 心理学在教育政策中的作用

心理学研究关注个体的认知、情感、社会互动等方面，这些因素与学生的学习和发展密切相关。通过与心理学领域的合作，教育政策制定者可以更深入地了解学生的学习动机、注意力分配、自我调节能力等认知特点，从而为教育政策的制定提供科学依据。例如，心理学研究可以揭示学生在不同年龄阶段的认知发展，帮助政策制定者制定更符合学生认知水平的教学策略。此外，心理学的研究还能够提供有关学生情感状态、自尊心等心理因素的信息，从而指导政策制定者为学生提供情感支持和心理健康资源。

（1）认知特点与教学策略的制定

心理学研究关注个体的认知过程，包括注意力、记忆、思维等方面。这些认知特点对学生的学习效果有着重要影响。通过与心理学领域的合作，教育政策制定者可以更好地了解学生在不同年龄阶段的认知发展。例如，幼儿阶段的学生注意力相对短暂，政策制定者需要采用更为生动活泼的教学方法来吸引他们的注意；而青少年阶段的学生更加注重自主学习，政策制定者可以倡导问题导向的学习模式。通过将心理学的认知研究与教学策略相结合，政策制定者能够制定更符合学生认知特点的教育政策，提高学习效果。

（2）情感支持与心理健康资源的提供

学生的情感状态和心理健康在其学习和发展中扮演着重要角色。心理学研究可以揭示学生的情感体验、情绪调节能力及心理健康问题。通过与心理学领域的合作，政策制定者可以更深入地了解学生在学习过程中可能遇到的情感问题，如焦虑、抑郁等。基于这些了解，政策制定者可以采取措施提供情感支持和心理健康资源，如提供心理咨询服务、开展情感管理课程等。这不仅有助于改善学生的情感状态，还可以促进他们更好地应对学习和生活中的挑战。

（3）学习动机与个体发展的促进

学生的学习动机直接影响着他们的学习投入和学术表现。心理学研究可以揭示学生的学习动机来源、变化趋势等方面的信息。通过了解学生的学习动机，政策制定者可以制定激励措施，如设立学习奖励机制、提供学术竞赛等，从而激发学生的学习兴趣和积极性。此外，心理学的研究还可以帮助政策制定者了解学生的自我调节能力和目标设定情况，为个体的发展提供更有针对性的支持。

3. 学生全面发展的促进

通过心理学与教育领域的跨学科合作，教育政策可以更全面地关注学生的全面发展。心理学的视角使政策制定者能够更准确地了解学生的需求和特点，从而制定更贴近学生实际情况的政策。例如，了解学生的社交互动和同伴关系，可以帮助政策制定者设计促进正面社交互动的政策措施，创造良好的学习环境。这种综合性的政策制定有助于培养学生的认知、情感、社交等多方面的能力，从而实现学生全面发展的目标。

（1）认知能力与学习策略的培养

心理学研究可以揭示学生的认知发展特点，如注意力、记忆、思维等方面的变化。通过与教育领域的合作，政策制定者可以根据不同年龄阶段学生的认知特点，制定更符合学生认知水平的教学策略。例如，在幼儿阶段，政策可以鼓励教师采用趣味性强、互动性强的教学方法，以吸引学生的注意力和提升记忆效果。而在青少年阶段，政策可以倡导问题导向的学习，培养学生的批判性思维和自主学习能力。这样的教学策略可以更好地满足学生的认知需求，促进他们在学习中的全面发展。

（2）情感支持与心理健康的关注

学生的情感状态和心理健康对其学业和生活有着深远影响。通过心理学的研究，政策制定者可以更好地了解学生的情感需求，从而制定相关政策措施。例如，建立学校心理健康支持体系，提供心理咨询服务和情感管理课程，帮助学生更好地应对学习和生活中的压力。同时，政策制定者还可以通过情感教育课程培养学生的情绪调节能力和人际交往能力，从而促进情感健康发展。

（3）社交能力与合作精神的培养

学生的社交能力和合作精神是其未来发展中不可或缺的一部分。心理学研究可以深入了解学生的社交行为和同伴互动情况，从而为政策制定者提供有关社交能力培养的建议。政策可以鼓励学校开展团队合作项目、社会实践活动等，帮助学生培养合作与沟通能力。此外，政策还可以关注学生的集体活动参与情况，鼓励学生积极参与社团组织、志愿服务等，从而培养其社会责任感和团队合作精神。

心理学作为一门能够深入探索这些因素的学科，在跨学科合作中扮演着重要角色。通过与心理学领域的合作，教育政策制定者可以获得更准确、全面的信息，为政策的制定和优化提供科学依据，从而更好地满足学生的需求，促进他们的学习和发展。

（二）教育领域与社会科学、经济学等领域的融合

教育政策的影响不仅仅局限于教育领域本身，还涉及社会结构、经济发展等多个方面。在这种背景下，跨学科合作成为推动教育政策综合性的重要途径。经济学可以提供有关教育资源分配和投入的经济分析，帮助政策制定者优化资源配置，确保政策的可行性。同时，社会学的参与可以揭示教育政策对社会结构和社会变迁的影响，从而政策制定者更好地考虑社会因素。这种综合性的跨学科合作可以确保教育政策的制定更加全面，更加贴近实际社会需求。

1.经济学在教育政策中的作用

教育政策的制定需要考虑到资源分配和投入的经济问题，而经济学为政策制定者提供了分析资源分配效率和经济可行性的工具。经济学方法，可以评估不同教育项目和政策的成本效益，从而政策制定者在资源有限的情况下优先考虑具有最大社会效益的政策。例如，经济学可以帮助决策者判断投入更多资源在提高教育质量上还是在扩大教育覆盖上更为合适，从而实现资源的最优分配。此外，经济学的分析也可以帮助政策制定者预测政策的长期经济影响，为决策提供更全面的信息。

2. 社会学参与的社会影响

教育政策不仅仅关注个体学生，还涉及社会整体的结构和变迁。社会学可以深入分析教育政策对社会结构和社会变迁的影响。例如，教育政策可能对社会流动性、社会平等等方面产生影响，而社会学可以帮助政策制定者预测这些影响的可能性和程度。此外，社会学还可以关注教育政策在社会中的被接受程度和反应，从而帮助政策制定者更好地理解政策的社会影响。通过社会学的参与，教育政策可以更加注重社会的整体利益，从而实现更为持续和稳定的发展。

3. 综合性的跨学科合作

经济学和社会学与教育领域的跨学科合作可以实现教育政策的综合性制定。这种合作不仅有助于更好地理解政策对教育领域的影响，还能够考虑到教育政策对整个社会和经济体系的影响。通过整合经济、社会和教育等多个领域的知识，政策制定者可以更全面地考虑不同因素的相互关系，制定更为符合实际情况和需求的政策。这种综合性的跨学科合作有助于实现教育政策的多方共赢，促进社会的持续发展。

（三）实例：多维度综合政策的制定

跨学科合作可以实现多维度综合政策的制定。例如，一个针对学生心理健康的政策可以结合心理学、医学、教育学等多个领域的知识。心理学可以提供关于学生情感状态和心理需求的信息，医学可以关注身体健康与心理健康的关联，教育学可以考虑如何将心理健康支持融入课程和教学方法中。这种综合性的政策制定可以更好地促进学生的全面发展和增加其幸福感。

1. 综合政策背景和目标设定

在一个国家的教育政策中，政策制定者意识到学生的心理健康问题日益突出，这已经对学生的学习成绩和整体发展产生了负面影响。因此，政府决定制定一个多维度综合政策，旨在促进学生的心理健康，并为他们提供全面的支持。为了确保政策的全面性和有效性，政策制定者决定进行跨学科合作，结合心理学、医学和教育学等多个领域的知识。

2. 心理学视角的贡献

心理学家通过对学生情感状态、情绪问题、自尊心等方面的研究，提供了学生心理健康状况的详细资料。他们发现，许多学生面临着学业压力、情绪问题和社交障碍等问题。基于这些发现，政策制定者在政策中加入心理健康支持措施，如提供心理咨询服务、开设情绪管理课程等，以帮助学生更好地应对心理压力和情感问题。

3. 医学和教育学领域的融合

医学领域的专家提供了身体健康与心理健康之间的关联性信息。他们指出，身体健康状况对心理健康有着重要影响，而良好的心理健康状况也有助于维护身体健康状况。因此，政策中心理健康与体育锻炼、健康饮食等结合，以全面促进学生的整体健康。

教育学领域的专家从教育方法和教学设计的角度出发，提出将心理健康支持融入课程中。他们建议在课程中加入情感管理、压力释放等内容，以培养学生的心理抗压能力。此外，他们还强调教师在课堂上的角色，鼓励教师通过关怀和支持来帮助学生建立积极的情感连接。

通过跨学科合作，政策制定者综合了心理学、医学和教育学等多个领域的知识，制定出一个多维度综合政策。这个政策不仅关注学生的心理健康问题，还考虑了身体健康、教育方法等多个方面的因素。通过这种综合性的政策制定，政府为学生提供了更全面的支持，促进了他们的全面发展并增加了其幸福感。同时，这也是跨学科合作在教育政策领域的一个成功案例，为未来的政策制定提供了有益的经验。

二、利用心理学数据支持教育政策的持续优化

心理学数据的收集和分析为教育政策的持续优化提供了科学依据。通过对学生心理健康、学习动机、情感状态等方面的数据进行分析，政策制定者可以更好地了解政策的实际影响，从而进行相应的调整和改进。

（一）数据收集与监测

利用心理学数据支持教育政策优化的第一步是进行数据的收集与监测。这可以通过心理学测量工具、问卷调查、观察等方法来实现。政策制定者可以定期收集学生的心理健康数据，了解学生的情感变化、学习动机等，以及政策对这些方面的影响。

1. 心理学测量工具的应用

心理学数据的收集可以借助于各种心理学测量工具，这些工具能够量化学生的心理特征和情感状态。例如，政策制定者可以使用标准化的问卷调查来评估学生的情感健康、自尊心、焦虑程度等。这些测量工具经过科学验证和标准化，具有较高的信度和效度，能够为政策制定者提供客观、可比较的数据。通过定期对学生进行心理测量，政策制定者可以掌握学生心理状态的变化趋势，及时发现问题并采取措施加以干预。

（1）心理学测量工具的种类与应用范围

心理学测量工具是一种重要的数据收集方法，能够帮助政策制定者获取关于学生心理特征和情感状态的定量信息。这些工具涵盖了广泛的领域，包括情感健康、自尊心、焦虑程度等。例如，情感健康可以通过心理问卷来测量，其中包括了情绪的表达、情感调节和情感体验等方面的内容。自尊心可以通过测量学生对自己的评价和自我认同感来进行评估。焦虑程度可以通过问卷调查来了解学生的紧张感和不安感。这些测量工具的设计经过严格的科学验证，具有较高的信度和效度，可以为政策制定者提供客观可靠的数据。

（2）标准化心理学测量工具的优势

标准化心理学测量工具在数据收集中具有一些明显的优势。首先，它们具有统一的评估标准和计分规则，这使得数据具有可比性。不同时间点和不同群体的数据可以进行比较，这可以帮助政策制定者了解变化趋势。其次，这些工具经过科学验证，具有较高的信度和效度。这意味着测量结果较为稳定且准确，可以为政策制定者提供可靠的信息。此

外，标准化心理学测量工具的应用也使得数据收集过程更加规范和系统化，有助于确保数据的质量。

（3）定期测量与干预策略

定期使用心理学测量工具来收集学生数据，有助于政策制定者及时了解学生的心理状态和变化趋势。基于测量结果，政策制定者可以采取相应的干预策略。例如，如果数据显示学生的情感健康出现下降趋势，政策制定者可以考虑增加感情支持资源，如提供心理咨询服务或情感管理课程。通过定期测量和干预，政策可以更加精准地满足学生的需求，提供有针对性的支持。

2. 问卷调查的实施

问卷调查是收集大量数据的一种有效方法，可以同时涵盖多个学生的意见和反馈。政策制定者可以设计针对特定主题的问卷调查，例如评估学生对于某项教育政策的认知和态度。这些调查可以包括开放性问题和封闭性问题，这既可以了解学生的主观感受，也可以进行量化分析。通过分析问卷调查结果，政策制定者可以了解学生的需求和关切，为政策的优化提供实际建议。

（1）问卷调查的设计与目的

问卷调查作为一种收集大量数据的有效方法，在教育政策制定中具有重要作用。政策制定者可以设计针对特定主题的问卷调查，以获取学生的意见、反馈和态度。问卷调查可以覆盖广泛的议题，如教育政策的认知、实施效果、学习体验等。通过设计明确的问题，政策制定者可以获得有关学生心理、认知和行为的数据，从而更好地了解学生需求和期望。

（2）开放性问题与封闭性问题的结合

问卷调查通常涵盖开放性问题和封闭性问题，以获得丰富的信息。开放性问题允许学生自由表达观点，提供深入的意见和反馈。例如，政策制定者可以询问学生对某项政策的看法、改进的建议等。封闭性问题则可以提供量化数据，帮助政策制定者更全面地了解学生的态度。例如，通过评分题或单选题，政策制定者可以了解学生对于不同政策方案的偏好程度。通过开放性问题和封闭性问题的结合，问卷调查可以从多个维度深入了解学生的想法和意见。

3. 观察的运用

观察是收集行为数据的一种常用方法，特别适用于观察学生在特定情境下的行为和互动。例如，政策制定者可以通过观察课堂上的学生互动情况，了解学生与教师、同伴之间的交流和合作程度。观察可以提供直接的行为信息，帮助政策制定者更全面地了解政策的实际效果。此外，观察还可以结合其他数据收集方法，形成更为丰富的数据集，为政策的优化提供更多的依据。

（1）观察方法的特点与应用

观察作为一种常用的数据收集方法，在教育政策制定中具有独特的优势和应用。观察方法通过直接观察学生在特定情境下的行为和互动，提供了客观的行为数据，能够捕捉到实际的学习和交往情况。例如，在课堂环境中，政策制定者可以观察学生的课堂参与程度、互动方式及与教师、同伴之间的交流情况。这些行为数据可以为政策制定者提供实际的参考，帮助他们更准确地评估政策的实际效果。

（2）观察与其他数据方法的结合应用

观察方法可以与其他数据收集方法相结合，形成更为丰富的数据集。与心理学测量工具、问卷调查等方法结合，政策制定者可以在行为数据之外获取学生的主观感受和意见。例如，政策制定者可以通过观察学生的行为，同时结合问卷调查，了解他们在特定情境下的行为和情感变化。这种多维度的数据集可以帮助政策制定者更全面地了解学生的状态和需求，为政策优化提供更有力的支持。

通过心理学测量工具、问卷调查和观察等方法，政策制定者可以获得丰富的数据，了解学生的心理特征、情感状态和行为表现。这些数据为政策的优化和调整提供了科学依据，有助于实现教育政策的持续改进和发展。

（二）数据分析与解释

收集到的心理学数据需要经过科学的数据分析和解释，从而得出结论。统计分析可以帮助政策制定者了解不同政策对学生心理健康的影响程度，是否存在显著差异等。数据的解释可以帮助政策制定者理解背后的原因和机制，为进一步的政策优化提供指导。

1. 统计分析的应用

对收集到的心理学数据进行统计分析是评估政策效果的关键步骤之一。统计分析可以帮助政策制定者识别数据中的模式、趋势和关联关系。例如，政策制定者可以运用方差分析、回归分析等方法，比较不同政策条件下学生心理健康的差异。通过统计分析，政策制定者可以确定是否存在显著的差异，以及这些差异的大小和方向。这种定量的数据分析为政策的效果提供了客观的评估。

2. 数据解释的深化

数据分析得出的统计结果只是一个开始，其背后的解释才能真正揭示政策对心理健康的影响机制。政策制定者需要深入解读统计结果，探讨可能的原因和解释。例如，如果统计分析发现某项政策显著提高了学生的情绪积极性，那么政策制定者需要考虑是何种因素导致了这一改变，可能是教学方法的调整，抑或是学校环境的变化。通过解释统计结果，政策制定者可以更准确地理解政策的效果，为进一步的政策优化提供指导。

3. 数据的综合和交叉分析

心理学数据往往涉及多个变量，而且这些变量之间可能存在复杂的关系。因此，综合和交叉分析可以帮助政策制定者更全面地理解数据。政策制定者可以将不同变量进行交叉分析，探索它们之间的相互作用和影响。例如，可以分析学生的情感状态与学习动机之间的关系，以及政策对这些关系的影响。这种综合的数据分析可以揭示更深层次的信息，为政策制定者提供更具洞察力的结论。

通过统计分析、数据解释和综合交叉分析，政策制定者可以从多个角度深入理解数据，评估政策效果，找出影响机制，并为政策的持续优化提供科学依据。

（三）政策调整与改进

基于心理学数据的分析和解释，政策制定者可以进行相应的政策调整与改进。如果数据显示某项政策对学生的心理健康产生了负面影响，政策制定者可以考虑调整政策措施，以减轻学生的负担。数据还可以帮助政策制定者优化政策的具体实施细节，使政策更贴近学生的需求。

1. 政策调整的依据

基于心理学数据的分析和解释，政策制定者可以明确政策的实际效果和影响机制，从而为政策的调整提供科学依据。如果数据分析显示某项政策并未达到预期的效果，政策制定者可以根据数据结果找出问题所在，例如可能是政策设计不当或者实施过程存在偏差。这种针对性的数据分析可以帮助政策制定者准确把握问题，并有针对性地进行调整。

2. 负面影响的修正

心理学数据的分析可能揭示出某些政策对学生的心理健康产生的负面影响，例如增加了学习压力或焦虑感。在这种情况下，政策制定者需要及时采取措施来减轻这些负面影响。可能的调整措施包括减少考核压力、提供情感支持、改善学校环境等。这种基于数据的调整可以保障学生的心理健康，使政策更加符合实际需求。

3. 实施细节的优化

除了针对问题进行调整外，政策制定者还可以根据数据的分析结果优化政策的具体实施细节。数据可能揭示出学生对某些政策措施的反应和偏好，政策制定者可以根据这些信息进行相应的调整。例如，数据可能显示学生更喜欢某种教学方法，政策制定者可以在政策中鼓励教师采用这种方法。通过优化实施细节，政策可以更好地满足学生的需求，提高政策的有效性。

数据分析可以揭示问题和影响机制，为政策调整提供依据；负面影响的修正可以保障学生的心理健康；实施细节的优化可以使政策更贴近实际需求。这种数据驱动的政策优化可以使教育政策更加有效地促进学生的全面发展。

（四）实例：情感健康支持政策的持续优化

以情感健康支持政策为例，利用心理学数据支持持续优化的过程可以如下：政策实施后，定期收集学生的情感状态数据，分析不同阶段学生的情感变化。通过数据分析，政策制定者可以了解政策对学生情感健康的影响，发现存在的问题。例如，数据分析可能显示某些学生在政策实施后情感出现了明显的负面变化，如焦虑情绪增加。通过进一步的数据解释，政策制定者可以发现这些学生可能在特定的学业压力下受到影响。基于这些分析结果，政策制定者可以考虑调整政策，例如增加感情支持资源，提供心理咨询服务，或者调整课程负担。随后，再次收集数据以评估调整后的政策效果，看是否出现了积极的变化。

这个循环过程可以帮助政策制定者不断优化政策，使其更符合学生的需求和实际情况。

1. 数据收集与情感健康政策的初步实施

情感健康支持政策的持续优化始于数据的收集与政策的初步实施。政策制定者可以定期收集学生的情感状态数据，例如通过心理学测量工具和问卷调查。这些数据可以包括学生的情绪变化、焦虑程度、自尊心等方面的信息。在政策初步实施阶段，政策制定者可以观察学生对情感支持措施的反应，是否出现明显的改善或变化。通过这些数据的收集和初步观察，政策制定者可以初步了解政策的影响和效果。

2. 数据分析与问题发现

收集到的情感健康数据需要经过科学的数据分析，以便发现潜在问题和影响机制。政策制定者可以使用统计分析方法比较不同时间段或不同群体的数据，以确定是否存在显著变化。例如，数据分析可能显示某些学生在政策实施后情感状态出现了负面变化，如焦虑程度增加。这个阶段的分析有助于将问题具体化，明确政策调整的方向。

3. 问题解释与政策调整

在问题发现阶段，政策制定者需要进行数据解释，深入了解问题的原因和机制。例如，数据分析显示某些学生焦虑程度增加，进一步的解释可能是由于学业压力增加导致的。基于问题的解释，政策制定者可以考虑相应的政策调整措施。可能的调整包括增加感情支持资源，提供情感管理课程，或者减轻课程负担，以减轻学生的压力。这些调整措施应该根据数据分析的结果和问题的解释来制定，以确保调整的针对性和有效性。

通过上述过程的循环反复，情感健康支持政策可以不断地进行优化和改进。数据收集和分析帮助政策制定者了解政策的实际效果，发现问题并进行解释。基于解释，政策可以进行针对性调整，以更好地满足学生的情感需求。通过持续的数据驱动优化，情感健康支持政策可以逐步实现其目标，为学生提供更好的情感健康支持。

参考文献

[1] 刘华山，龚少英，熊俊梅．教育硕士研究生培养中应用案例教学法的实证研究——以教育心理学课程为例 [J]. 西南民族大学学报（人文社科版），2015（04）：109—111.

[2] 彭凯平，刘钰，曹春梅，张伟．网络自相关模型在心理学研究中的应用——以同群效应、学习动机对青少年学业表现的影响为例 [J]. 徐州师范大学学报（哲学社会科学版），2016（12）：141—143.

[3] 刘芳．基于积极心理学的大学生心理健康教育课程实验研究——以艺术设计专业学生为例 [J]. 美与时代（下），2022（02）：29—32.

[4] 赵玉东．积极心理学理念下高校心理健康教育模式的构建 [J]. 湖北开放职业学院学报，2021，34（24）：37—38.

[5] 曾荣侠，郭桂红．高职院校心理健康教育调查研究 [J]. 辽宁经济，2019（09）：89—91.

[6] 陈琴，孔金．基于积极心理学的高职院校大学生心理健康教育模式构建研究 [J]. 滁州职业技术学院学报，2019，18（02）：19—23.

[7] 黄秋莲．高职院校心理健康教育的现状与对策 [J]. 教育评论，2019（05）：41—45.

[8] 张新招．心理健康教育的现状及其绩效分析——基于积极心理学的视角 [J]. 福州党校学报，2016（04）：61—65.

[9] 马新玲．新时期大学生心理健康与安全教育的融合发展——评《大学生心理健康教育——积极心理学的运用》[J]. 安全与环境学报，2021，21（04）：1865—1866.

[10] 马颖哲，靳小川，叶静．积极心理学视域下大学生心理健康教育模式的构建 [J]. 教育教学论坛，2016（49）：45—46.

[11] 周昕怡．积极心理学视域下高职心理健康教育模式构建 [J]. 当代教育实践与教学研究，2016（11）：176.

[12] 蒋赛．构建高职心理健康教育课程新体系——积极心理学视域下团体活动课的应用 [J]. 湖北函授大学学报，2016，29（23）：68—69.

[13] 于瑞，刘素芳，马国新，石中叶．积极心理学视域下高职学生心理健康教育体系的构建研究 [J]. 职业技术，2017，16（05）：43—44.

[14] 胡艳．大学生跨文化交际敏感度调查 [J]. 外语界，2011（6）：68—73.

[15] 李艳，张卫东．基于 CDIO 教育理念的外语专业学生跨文化交际能力培养模式的构建 [J]. 外语电化教学，2013（6）：61—64.

[16] 谢园梅，董敏，邵美华．近十年中国高校心理学课程改革的文献计量学分析 [J]. 教育观察，2020，9（29）：97—100.

[17] 吴欲涛．高职院校教学管理过程中教育心理学的作用分析 [J]. 智库时代，2019（24）：184，281.

[18] 张彩琴，沈沛汝．体验式教学模式与高校公共心理学课程改革 [J]. 广东蚕业，2019，53（1）：60—61.

[19] 韦雪艳．公共心理学的课程案例集成与问题式教学模式实效化教改探索 [J]. 科教文汇，2008（31）：80，84.

[20] 赵婧．心理学视角下高校群体性暴力事件的成因及预防教育 [J]. 山西高等学校社会科学学报，2015（6）：74—77.

[21] 蔺艳娥．后现代主义时期高校教育心理学的发展新思路研究 [J]. 黑龙江高教研究，2015（3）：114—116.

[22] 刘灿彬，吴钊．浅析当前高校大学生心理健康教育工作 [J]. 新西部（下旬），2014（12）：190—194.

[23] 邓曼适．加强高校学生心理健康教育的紧迫性和主要措施 [J]. 广东技术师范学院学报，2017（8）：12—13.

[24] 林玉琼．积极心理学理念下高校心理健康教育课程教学改革 [J]. 广西教育（高等教育），2020（2）：114—115.

[25] 陈慧慧．高校心理健康教育与积极心理学教学研究 [J]. 科学咨询，2020（15）：22—23.

[26] 肖茜．心理学在高校教育教学工作中的应用分析 [J]. 亚太教育，2020（5）：49.

[27] 陈玉军．探析高校心理学教育教学的多样化 [J]. 现代交际，2019（19）：210—211.

[28] 罗茂嘉．高校心理健康教育与积极心理学教学 [J]. 商情，2019（48）：158.

[29] 张笑铭．高校心理学教育教学的多元化发展探究 [J]. 科教导刊，2020（33）：65—66.

[30] 习近平在全国高校思想政治教育工作会议上强调：把思想政治工作贯穿教育教学全过程开创我国高等教育事业发展新局面 [N].《人民日报》，2016-12-09.

附 录

附录一 学习风格问卷示例

请根据您的学习偏好，在每个问题后选择最符合您的选项。在每个问题下方的括号内打钩，以表示您的选择。

1. 当我学习新的知识时，我更倾向于：

A. 观看图表、图像和图示。( )

B. 听取讲解、演讲和录音。( )

C. 进行实际动手操作、实验和体验。( )

2. 在解决问题时，我更喜欢：

A. 查看示例、图表和图像，以找到解决方法。( )

B. 聆听他人的解释，从中寻找答案。( )

C. 亲自尝试操作，通过实践来解决问题。( )

3. 我在阅读教材时，更容易理解：

A. 图片和插图的部分。( )

B. 文字和句子的解释。( )

C. 实例和案例的描述。( )

4. 在学习时，我更喜欢：

A. 用彩色荧光笔标记重要信息，制作图表和图像。( )

B. 讲解给他人听，或者与同学进行小组讨论。( )

C. 参与实际操作，动手解决问题。( )

5. 我在听课时更容易记住：

A. 图表、图像和示意图中的内容。( )

B. 讲师详细阐述的内容。( )

C. 教材中的实际案例和示例。( )

6. 在学习时，我更愿意使用：

A. 笔记、图表和图像来整理信息。( )

B. 听讲师的讲解并做笔记。( )

C. 亲自动手实践来理解知识。( )

7. 当我解决问题时，我通常会：

A. 画出流程图、图表和图像，来帮助我理清思路。( )

B. 与他人交流，听取不同的观点和建议。( )

C. 通过实际操作，逐步测试不同方法，找到最佳解决方案。( )

8. 在学习时，我更容易集中注意力于：

A. 图表和图像中的细节。( )

B. 讲师的声音和授课内容。( )

C. 实际操作和动态情境。( )

9. 我在学习新知识时，更愿意：

A. 制作图表、图示，以便后续复习和回顾。( )

B. 讨论、与他人互动来加深理解。( )

C. 亲自实践，从中获取经验和知识。( )

10. 在学习过程中，我更喜欢参与：

A. 观看视频、幻灯片和图像资料。( )

B. 听取讲师的授课并做笔记。( )

C. 参与实验、实地考察和模拟情境。( )

请将每个问题下方的括号内的选项复制并粘贴到您的答卷中，然后在括号内打钩以表示您的选择。感谢您参与学习风格问卷调查！

附录二 示例教育政策效果评估问卷调查

以下为一个示例教育政策效果评估问卷调查，用于了解学生在政策实施后的情感状态和学习动机变化。该问卷可以根据具体政策和研究的问题进行修改和适应。

部分一：学生情感状态评估

请您回答以下问题，以评估您在政策实施后的情感状态。

1. 在政策实施前后，您对学校的满意度有何变化？

（1）显著增加

（2）增加

（3）无变化

（4）减少

（5）显著减少

2. 您感到在课堂上的学习压力有何变化？

（1）显著增加

（2）增加

（3）无变化

（4）减少

（5）显著减少

3. 您的学习动力和积极性在政策实施后有何变化？

（1）显著增加

（2）增加

（3）无变化

（4）减少

（5）显著减少

部分二：学生学习动机评估

请您回答以下问题，以评估您的学习动机和兴趣。

1. 您对当前学科的学习兴趣如何？

（1）非常高

（2）高

（3）一般

（4）低

（5）非常低

2. 您在学习中主要受到哪种动机驱动？

（1）内在动机（出于兴趣和乐趣）

（2）外在动机（为了获得奖励或避免惩罚）

（3）两者兼有

（4）都没有

3. 您觉得课堂上的教学内容是否能够满足您的学习兴趣？

（1）完全满足

（2）较满足

（3）一般

（4）较不满足

（5）不满足

部分三：政策实施效果评估

请您回答以下问题，以评估政策实施对您的影响。

1. 您认为政策实施后，学校的教学方法和课程设置是否更符合您的学习需求？

（1）完全符合

（2）符合

（3）一般

（4）不符合

（5）完全不符合

2. 政策实施后，您是否感觉学校的学习氛围更加积极向上？

（1）是

（2）有些是

（3）无变化

（4）不太是

（5）否

3. 您是否愿意参与更多的学习活动，如课外辅导、学科竞赛等？

（1）非常愿意

（2）愿意

（3）一般

（4）不太愿意

（5）不愿意

以上是一个简化的示例教育政策效果评估问卷调查，用于了解学生在政策实施后的情感状态、学习动机和政策实施效果评价。在实际研究中，我们还需要根据具体政策和研究的问题进行问题设计和问卷修改，以保证问卷的科学性和准确性。